| 卡洛斯 | 弗莱德 | 托马斯 | 佩特拉 | 路德维希 | 弗里德里希 |

莫尼卡

Das große Wimmel-Kochbuch
mit Rezepten für alle Jahreszeiten

四季厨房

[德] 罗特劳特·苏珊娜·贝尔纳　达格玛·冯·克拉姆 —— 著

邵帅 —— 译

引言

本书中的卡通人物是怎样度过一整年的呢?

大概会和你我做同样的事情:奔跑、欢笑、学习、阅读、骑车、玩耍、游戏、睡觉。

他们当然也要吃饭,和我们所有人一样,民以食为天。如果有人问他们喜欢吃什么,每个人的回答定会有所不同:大多数孩子都喜欢吃煎蛋饼,妮可和琳恩喜欢扭结面包,曼弗雷德喜欢烘焙食品,丹妮拉则喜欢蔬菜奶酪。

伊尔玛的花园中能够看到书中一年四季所有的食物。请你在翻阅中查看:什么时候开始有樱桃?什么时候产苹果或南瓜?还有栗子呢?请注意各种蔬菜水果出现的时间。对于蛋类、肉类、鱼类、牛奶和奶酪而言,季节的变化没有太大的影响。面粉、糖、通心粉、大米和调味料也都是四季必备的物品。

怎样才能用这些上好的材料做出可口的食物呢?披萨、炒饭或意式烩饭是怎么做出来端到餐桌上的呢?正确答案是:首先要进行烹煮或煎烤。厨师或父母一直都在为你做这件事。不过烹饪不是巫术,你自己也可以做到!而且我可以向你保证,这其中乐趣无穷!我自己是跟母亲学会了下厨。有一次她因病长期住院,于是那段时间就换我为全家人做饭。从那时起,我就敢做了。这一点最重要!即使学习时不能很快上手,也不要因此泄气。请为自己找一个厨艺上的老师,最好是家人,让她或他来帮助和指导你。不是所有的菜式都可以用"轻而易举"来形容,合格的饭菜是要保证你和客人们的胃口都能得到满足。

菜谱中包含很多信息、创意和实践,请找出自己感兴趣的那些内容。除此之外,书中还有一些厨艺秘诀。一起来体会下厨的乐趣吧!古斯塔夫——本书中饭店里的烧鹅大师,他会告诉你一些重要的经验。结尾处附上了一些可提供帮助的信息,读者可以在其中查看怎么切洋葱或分离蛋黄蛋清,能学到很多有用的厨房技巧,还有关于添加配料和厨房设备应用的一些小贴士。

祝你在煎炒烹炸中享受下厨的乐趣,体验成功的美妙!

达格玛·冯·克拉姆

引言　3

在下厨之前，厨师们必须知道的
准备事项……　6

春　天

什锦早餐　15

春季蔬菜沙拉　16

野菜凝乳配春季蔬菜　18

园内蔬菜大杂烩　20

小红萝卜，一菜两吃　22

用法棍做野餐的零食　24

黄油烤芦笋　26

酥烤大黄　26

人人都爱吃的饼　28

甜味饼　29

咸味饼　29

卡布奇诺巧克力咖啡　30

糖渍大黄拌凝乳　32

用酵母发面做复活节小兔子　34

香喷喷的复活节兔子　35

草莓小蛋糕　36

夏　天

醋栗树莓果酱　43

印度甜奶昔　44

黄瓜西红柿酸奶沙拉　45

西红柿配马苏里拉奶酪和罗勒叶　46

古斯米沙拉　48

土豆沙拉　50

土豆泥沙拉　51

意式香浓菜汤搭配字母意大利面　52

烤肉饼　54

烤鱼配土豆羹　56

酸奶蛋黄酱　57

印度香饭　58

用剩余的米饭来做煎米饼　59

意大利面配番茄酱　60

醉樱桃　62

冰棍　64

自制酸奶　65

秋　天

南瓜汤　71
烤南瓜块　72
迷迭香烤土豆　73
配料烤蘑菇　74
蘑菇炒鸡蛋　75
卷心菜配意大利面　76
西红柿焖四季豆　78
披萨　80

核桃仁扭结面包　82
咸味扭结面包　83
板栗松饼　84
自制茶饮　86
玻璃瓶中的面包蛋糕　88
水果蛋糕　90
麦糁粥　92

冬　天

意式烩饭　99
茴苣沙拉配欧防风和油炸面包丁　100

什锦烤蔬菜片　101
小香肠扁豆汤　102
咖喱小萝卜煮意大利面　104
烤仔鸡配甘薯泥　106
鸡杂汤　108
儿童潘趣酒　109
奶油煎肉排　110
酥脆煎鸡排　111
牛奶甜饭加肉桂糖　112
烤苹果加混合麦片　113
苹果慕斯　114
焦糖杏仁　115
爆米花　115
苹果味坚果华夫饼　116
酸橙味华夫饼　117
香蕉面包　118

椰枣凝乳　119
自制家庭菜谱　120
配料　121
温度　122
测量与称重　122
工具　124
厨房小助手　127
下厨贴士　129

在下厨之前,
厨师们必须知道的准备事项……

下一页
就会告诉你!

下厨之前一定要记得先把手洗干净。

忍不住想打喷嚏或咳嗽的时候,转过头来,不要面向食物,或者暂时离开厨房。

如果你留了长发,请把头发绑好,做饭时披散头发就不美了。

衣服外面系上围裙,其他怕脏的东西用洗碗布遮盖好。

进厨房之前,先把菜谱由上至下仔细地通读一遍。

下厨前请换上能包住脚面的鞋子，防止出现某些突发状况（比如刀子掉下来之类）时伤到脚。

将所有要用到的食材、配料和厨具摆好。那些比较敏感的、新鲜的食材（比如肉类、鱼类和鸡蛋）放在冰箱里冷藏好，等快要用到的时候再取出来。

用干净的抹布擦工作台。

提前检查厨房设备（比如厨房秤或煮蛋计时器）是否可以正常使用。

去端烫的锅碗前在手上拿一块厚布垫着，以防烫伤。

下厨的时候不要同时做别的事,一心二用很容易把菜烧焦。

请注意,不要打翻东西或溅上污渍,仔细留心!

如果有剩下的饭菜,请装在密闭的盒子里,放进冰箱冷藏。

厨房用完后做好整理和清洁,使其回复原样。厨灶和其他设备都关好了吗?请再检查一下!

要扔掉的厨余垃圾怎么处理?请你提前找好垃圾桶,弄明白怎么进行垃圾分类。

春 天

樱花在道路旁绽放,
布谷鸟传来一声声问候。
伊尔玛在自己的小摊位上,
摆好最新鲜的蔬菜售卖。

琳恩踏着自行车走来,
百舌鸟歌声悠扬,
芦笋开始萌发抽芽。
然后很快是嫩绿的菠菜。
如果听到有人打喷嚏,
那定是因为飞散的花粉。

羊角芹和蒲公英飞快地成长,
还有碧绿的莳萝和水葱,
四月的墨角兰枝叶繁茂,
放进锅里散发出浓郁的芳香。

我们大声地喊着:冬天,再见!
丢开帽子和围巾出门去。
挥挥手告别感冒茶,
高兴地跳进路上的小水洼。

请你按照自己的口味搭配最喜爱的什锦早餐。放进当季的水果或莓果,淋上酸奶和蜂蜜,再加上芝麻、炒杏仁或其他干果。

自制炒杏仁的方法
请参见第115页。

利努斯有起床气，吃早饭的时候也总像没睡醒。唐娅给他做最爱的什锦早餐，这种吃法是瑞士医生马克西米利安·伯奇－本纳发明的。什锦早餐能够唤醒身体里的秘密能量，让人们精神抖擞，开启新的一天。

什锦早餐

晚上把谷物麦片放进牛奶中泡好，然后放进冰箱中冷藏。

第二天一早，把洗好的苹果切成四块，去掉果核，红枣也洗净去核。将苹果块、红枣、干果仁用刀切碎或者放入搅拌器打碎，最后放入泡软的麦片中。

什锦早餐 1 人份配料：
3 汤勺麦片
150 毫升牛奶
1 个甜味的小苹果
1~2 个红枣
2~4 个核桃的果仁

使用麦扁机能够很好的将燕麦和其他杂粮压扁成薄片状。不过你若在家中发现了祖母用过的老式咖啡磨，也能用它简单地磨一下燕麦或小麦，然后泡到牛奶里作早餐。

当春天来临的时候，丹妮拉背起她的小背包，出门到处转悠，寻找可以食用的野菜。什么样的野菜可以拿来吃，她可是知道得清清楚楚。走路的时候她留心地查看着，因为野菜总是生长在路边或草地旁。

春季蔬菜沙拉

沙拉 4 人份的配料：
250 克生菜
1 把芝麻菜、马齿苋
（或春美草）
根据口味和心情添加：
一撮雏菊花瓣、欧蓍草、
各种香草、旱金莲、苜蓿
一把羊角芹或蒲公英
10 个小红萝卜
2 棵小葱
1~2 个小胡萝卜

取一只菜盆，将绿叶蔬菜用水仔细洗净，然后将其放在漏筛中沥干。重复上述步骤，直到洗过菜的水里没有任何脏污为止。

小红萝卜的嫩叶也可以加进沙拉中。用刀将红萝卜的叶柄和根部切除，把可食用的根茎粗略地切成几块。

把小葱的须根切掉，去除干枯的叶子，根茎和葱叶一起切碎

备用。

把胡萝卜的绿叶和根须切除。除非外皮太硬或有损伤，否则不用削皮。用擦菜板或擦丝器处理成细条或胡萝卜丝。使用时请注意保护好手指。这一步骤用搅拌器来替代也可以。

摘掉叶片或花朵上硬硬的叶柄或花梗。

着手调制沙拉酱，先榨出柠檬汁，加入黄芥末、细盐和胡椒粉，倒一点油，长时间搅拌，直到混合物呈现出润滑的糊状。然后再加点奶油搅拌，尝一下味道是否合适。

把准备好的所有配菜沥干后混合在一起，倒入沙拉酱，搅拌均匀。

还没调好沙拉酱？
请参见第129页。

沙拉酱配料：
半只柠檬
1 汤勺中辣的黄芥末
盐、胡椒
3 汤勺橄榄油
2~3 汤勺甜味奶油

沙拉酱中的黄芥末有什么作用？
如果把柠檬汁和橄榄油直接混合，不管怎么搅拌，油和果汁都不能融合，但是加入了黄芥末后再搅拌就能将这二者变成乳浊液的形态。这是因为黄芥末中含有不同的两个部分，一部分亲水，另一部分则亲油脂，所以它能够帮助柠檬汁和橄榄油混合成沙拉酱。

怎样把蔬菜甩干？
请参见第131页。

丹妮拉出门采来的野菜还剩下很多，太棒了，用它搭配凝乳也是一道好菜。伊尔玛的庭院里还有自家栽种的鲜嫩菜苗。她的小孙子卡尔最喜欢吃水嫩的小胡萝卜了。

4 人份配料：
2 把采摘好的野菜
250 克脱脂凝乳
3~4 汤勺甜味淡奶油
盐、胡椒
用来蘸酱料的各种春季蔬菜（胡萝卜、球茎甘蓝、小红萝卜、密生西葫芦、黄瓜、芦笋、芹菜、球茎茴香）

野菜凝乳配春季蔬菜

这是今年的第一批新鲜蔬菜，有些是野菜，比如熊葱、蒲公英或酸模。还有调味的香草和配料：罗勒、莳萝、细香葱和百里香。

把这些蔬菜和配料彻底清洗干净，放在一旁晾干。摘去硬硬的叶柄。荨麻只用鲜嫩的芽尖部分，先把它们放到菜板上，

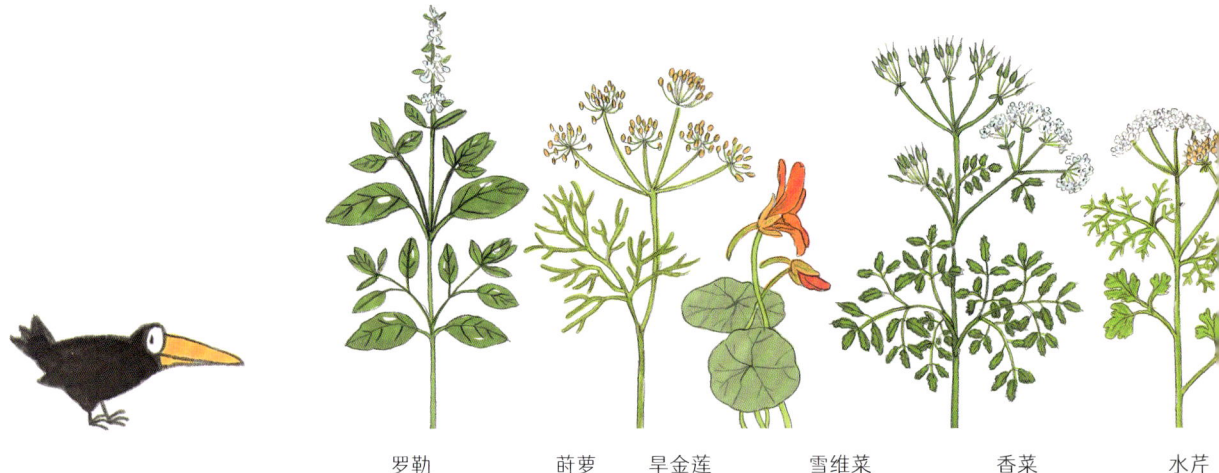

罗勒　　莳萝　　旱金莲　　雪维菜　　香菜　　水芹

18

用擀面杖碾压一下,这样就不会扎手了。用刀把这些食材仔细切成丝。

把凝乳和淡奶油混合搅拌成糊状,加入盐、胡椒和野菜,拌匀后尝一下味道。如果搅拌时觉得太干,再往里面加点水,然后再拌匀。

把鲜嫩的蔬菜洗净晾干。胡萝卜、球茎甘蓝和小红萝卜要去掉叶子,留其根茎食用,切掉西葫芦和黄瓜的尾部。

把芦笋去皮,芹菜茎秆切成适口的小段,去掉其中的筋状纤维。黄瓜切成一指厚度的黄瓜片。小胡萝卜和小红萝卜保持其原来的完整形状。西葫芦、球茎甘蓝和球茎茴香先切成片,再切成丁。

处理好的蔬菜放在凝乳中蘸一下。

小红萝卜和球茎甘蓝的叶子也可以食用,而且味道很好。你可以把它们像菠菜一样加进沙拉中,也可以当作普通的蔬菜一样烹饪并食用。

如果把眼睛遮住,你能通过味道猜出是哪种蔬菜甚至是什么颜色吗?如果是野菜呢?
尝试的时候请你捏住鼻子,或者事先闻一下肥皂。

欧芹　　迷迭香　　鼠尾草　　细香葱　　百里香

伊尔玛会先在温室里培育菜苗,然后等霜冻结束后再把它们移植到花园里。有时她还会给温室覆盖上塑料薄膜。刚长出来的菜苗非常娇嫩,外皮很薄,可以连皮一起吃。

园内蔬菜大杂烩

4 人份配料:
1 个带叶子的球茎甘蓝
3~4 根胡萝卜
600 克新种的土豆
200 克豌豆角
2 汤勺黄油
盐、胡椒
春季蔬菜(例如熊葱、羊角芹、蒲公英、荨麻芽尖、欧芹)
50 毫升牛奶
50 毫升甜味淡奶油

把蔬菜仔细洗净,摘掉球茎甘蓝的叶片,叶柄切成丁。如果球茎甘蓝有硬硬的结节或伤疤,先把这些部位进行削皮。然后把球茎切成一指厚的薄片,再切成细丁。胡萝卜先去掉头上的绿叶,也是只削掉瑕疵部分的外皮。然后将胡萝卜切成一指厚的薄片。

熊葱　　荨麻　　雏菊　　羊角芹　苜蓿　　蒲公英　马齿苋(春美草)

洗净土豆，去皮，像球茎甘蓝一样切成细丁。去掉豌豆角的头部和尾部。

取一只带盖的深口锅，将黄油融化，把胡萝卜的切片、球茎甘蓝和叶柄切成的细丁一起放入锅中，加入盐和胡椒，盖上锅盖，煮五分钟。

然后把土豆放进去，加一点盐、100毫升水，盖上锅盖，再煮十分钟。

这段时间里，洗干净野菜并沥掉水分。去掉叶片上的梗，切成细丝，球茎甘蓝的叶子也照此处理。

等球茎甘蓝的细丁煮熟了，加入豌豆角和切好的绿叶和野菜。牛奶和淡奶油混合后搅拌，加入锅中，盖上锅盖，再用小火煮5分钟。确认一下味道就可以出锅了！配面包吃正合适，试着搭配法棍一起吃吧！

野草？

你知道有哪些野生的植物可以吃吗？不是每种草都能食用，但是有几样野菜春天摘下做菜可谓一道美味，比如蒲公英、羊角芹，还有荨麻的嫩芽。采摘野菜的时候千万不能破坏草坪！如果野菜很难找，可以采摘一些欧芹、雪维菜或水芹。找熊葱的时候要格外小心，它外表看起来和铃兰非常相似，而铃兰是有毒的。用手搓一下熊葱的叶片，闻起来会有大蒜的香味，而铃兰的叶子不会产生任何味道。如果已经开花，也可以直接闻一下花朵是不是铃兰的香气。

蓍草　繁缕

野菜

春天里，伊尔玛时常会从花园里收获很多小红萝卜，足够所有人吃饱。今天要介绍的食谱首先是一道汤，用小红萝卜的新鲜嫩叶作原材料；还有一个红萝卜泥酱料，可以用来搭配煮熟的土豆。

小红萝卜，一菜两吃

4人份配料：
2 扎小红萝卜
2~3 棵小葱
2 汤勺黄油
盐、胡椒
200 克斯美塔那酸奶油

把小红萝卜和叶子仔细地洗干净。先把叶子切下来，大略地切几刀，萝卜的球形根茎留着做酱料。准备好做汤的配料，把小葱洗干净，去掉须根和枯萎的叶子，葱白和葱叶一起切成薄片。

黄油放入锅中缓慢加热，加洋葱短暂地焖煮一下，然后放进小萝卜的叶子继续炖。焖煮的时候放入250毫升水、盐和胡椒，盖上锅盖，慢火炖10分钟左右，直到叶子煮熟变软。

然后用手持式搅拌棒（一定要由成年人来操作）把所有的蔬菜一起打成泥，等到锅里变成浓汤状，再加入盐、胡椒和两勺斯美塔那酸奶油，尝一下味道，就可以出锅了！

切掉小红萝卜多余的细根，把萝卜放进电动搅拌机打碎，然后把糊状的萝卜泥晾在一边,沥出水分(萝卜汁可以喝,对健康非常有益!),和剩下的斯美塔那酸奶油搅拌在一起,加入盐和胡椒。这种萝卜泥做的酱料和带皮煮熟的土豆一起吃简直是绝配。

怎样煮熟带皮的土豆,请参见第133页。

种植小红萝卜

萝卜做的小老鼠

在自家小花园或阳台上找个大箱子就能种植小红萝卜,非常简单。先松一下土,然后划出一道沟,把萝卜种子以一掌宽的间距播撒在沟里,用水壶洒上一点水。然后用土把沟掩上,再好好地浇一遍水,直到土壤湿透。之后每天浇一遍水,直到萝卜苗发芽为止。如果菜苗之间的密度过大,要进行间苗,拔掉一部分才能保证其他菜苗茁壮成长。等它们长大成熟可以收获的时候,你就会明白这个办法的功用了。小红萝卜生长的时间越久,味道越辣,有时内部还会出现空心,所以不能让它长得太老。最好采用分批播种的方式,这样不会一次性收获太多的萝卜,否则就得天天都吃萝卜汤了。

复活节的节日大餐上,我很喜欢用红萝卜做成的小老鼠作为装饰。
小老鼠的制作方法非常简单,而且人见人爱。不过有点奇怪的是莫尼卡和明古斯好像没有那么喜欢。

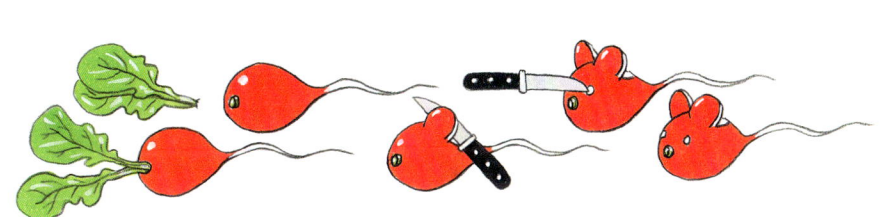

为了愉快地度过复活节,幼儿园里准备了苗床种水芹,大家都来帮忙了。水芹在铺着厨房吸水纸的托盘上快速生长,简直一天一个样。孩子们经常来检查,看菜苗的供水是不是充足。过一个星期左右就可以用剪刀收获嫩嫩的水芹了。

用法棍做野餐的零食

4 人份配料:
1 个法棍面包(250 克)
4 片生菜叶
1 把细香葱
1 碟水芹
200 克新鲜的蔬菜奶酪

前一天晚上把法棍切成几段,去掉两截末端,用叉子取出中间软软的面包芯撕碎。

把生菜、细香葱和水芹洗净晾干或擦干。生菜切条,香葱切末,水芹切碎备用。

往撕碎的面包芯中加新鲜的蔬菜奶酪揉捏,然后加入生菜,香葱末和水芹混合均匀,加上适量胡椒调味,最后重新填入面包

中,用铝箔包好放进冰箱中冷藏一晚。

第二天早上取出法棍面包,切成2厘米厚的面包片,装进饭盒里,野餐需要的食物就做好了!

种水芹

水芹的种子很容易萌发,需要的只有水分、阳光和空气!你可以把种子撒在刺猬形的陶盆里,也可以

种个自己的小菜园!

找一个大花盆或平底箱种上三样你最喜欢的蔬菜。欧芹、细香葱和罗勒就很适合一起种植,或者迷迭香、鼠尾草和百里香搭配。这些植物都来自南部地区,不需要很多水。你要准备鹅卵石铺垫在花盆底部,大约5厘米厚即可,然后填土填到花盆的一半深。把菜苗从原来的小盆移栽到大盆里,然后用土填平空隙。整理好后浇一遍水,让菜苗的根部能够充分舒展开来。收获的时候只采摘部分茎叶,让剩余的植株继续生长。只有细香葱你可以拔出来,它还会继续繁殖和生长。

像塞维娅在幼儿园里做的那样,洒在一张厚厚的厨房吸水纸上。甚至空蛋壳里也能种点水芹,给蛋壳画上可爱的笑脸,长出来的水芹苗就变成了绿茸茸的头发,放在复活节的餐桌上是一种非常有趣的装饰。

在艾尔克家的厨房里，没有一样用不到的东西。如果面包剩下了，那就用来做面包屑。今天曼弗雷德来这里吃饭，为他准备了两种烘烤食品，一种是烤芦笋，另外一种是曼弗雷德最爱吃的酥烤大黄，作为饭后点心。

黄油烤芦笋

4 人份的配料：
1.5 千克芦笋
100 克面包屑
1/2 茶勺盐
1 茶勺微辣的辣椒粉
1 茶勺蔗糖
100 克黄油

把烤箱温度调到200摄氏度（对流烤箱温度180摄氏度）预热，用削皮刀给芦笋的茎秆去皮，切掉接近木质的根部。

把削好的芦笋放在烤盘上，笋尖朝着中间，交叠在一起。黄油加盐、辣椒粉、糖混合，浇在芦笋上。如果黄油出现小块凝结，用餐刀抹开，涂在芦笋上。

把烤盘放进烤箱中层进行烘烤，等20～30分钟芦笋就能端上桌了。

酥烤大黄

4 人份的配料：
500 克大黄（去掉叶片后的净重）
120 克砂糖
60 克面包屑
60 克颗粒饱满的燕麦麦片
60 克黄油

把烤箱温度调到180摄氏度（对流烤箱温度160摄氏度）预热，去掉大黄的叶子，把茎秆洗干净，切成0.5厘米厚的薄片，加入一半的糖混合。

面包屑是回收利用剩余面包的一种好办法。如果吃不了那么多,请把剩余的面包片放在通风干燥的地方风干,不然很快就会发霉。等面包彻底风干以后,

就可以制作面包屑了。无论是用电动搅拌机打碎,用家里的平底锅拍碎或用擀面杖碾碎都可以。准备一个带瓶塞的广口瓶把面包屑储存起来,以后就可以随时取用了。

把拌好糖的大黄切片在烤盘上摆放成一个圆形(直径25厘米),剩余的糖加入面包屑和燕麦片中混合,黄油切成小片,加入其中。再不断地将它们混合搓拌,直至搓拌成细碎的屑粒状。完成后将其撒在摆好的大黄上。把烤盘推进烤箱中部,加热30~35分钟,直到黄油碎屑烤成棕色的糊状。用这种方法也可以做酥烤苹果,但糖的用量更少,搭配酸奶很好吃。

烘烤食品和西葫芦片或其他蔬菜搭配也非常好吃。除此之外,还可以用面包屑做更多的菜肴:面包屑炸猪排,烤通心粉或烤土豆时在上面撒面包屑。无论做什么菜都不要忘记撒上黄油薄片,否则面包屑会烤糊。你也可以用黄油或植物油把面包屑在平底锅里煎一下,放入吃剩的通心粉一起煎烤,然后和肉桂砂糖一起撒在甜味的烘烤食品上。

没有电动搅拌机制作面包屑的方法参见第134页。

经验丰富的大厨能在颠锅的时候让饼飞起来,不过偶尔也会马失前蹄。饼作为食物,几乎出现在全世界各个地方。法国的饼薄如纸,取名叫可丽饼。在其他地区也有称作面饼或卷饼的,在汤姆的家乡则叫作煎饼。他什么饼都爱吃,无论是作为主食的咸味饼还是作为餐后点心的小甜饼。

人人都爱吃的饼

4 人份的配料:
180 克高筋面粉(1050 号)
250 毫升牛奶
3 个鸡蛋
盐
用来煎饼的黄油或植物油

  面粉过筛后倒进大碗中,慢慢地加入牛奶,彻底地搅拌均匀。把鸡蛋打到碗里,用打蛋器搅拌,然后慢慢倒入牛奶与面粉的混合物中。如果面糊太硬就再加一点牛奶重新搅拌均匀,加一小撮盐调味,将面糊静置至少一小时。

  取一只带盖的平底锅(直径24厘米),加入1茶勺黄油或植物油,用勺子挖出四分之一的面糊放在锅中,轻微地晃动锅底,直到面糊均匀地平摊开来。盖上锅盖,中火煎烤,正反面分别煎两分钟左右,直到把饼煎成棕黄色。翻面的时候轻轻地晃动一下,往锅里加一点油。

甜味饼

加一点果酱或砂糖吃起来味道最好，还要加一点水果！水果也可以放在饼里一起煎烤。你可以把苹果切成小块放进锅里，然后在苹果上面倒入面糊；外皮比较薄软的水果，比如蓝莓或水蜜桃，最好把果实粒或细丁拌入面团一起煎。

咸味饼

西红柿切片后放入锅里，然后在上面倒入面糊，翻面的时候在饼面上撒些奶酪碎屑，等它们因加热融化。面团里也可以拌入野菜或火腿丁。

呀，饼上出现了个洞！没关系。我会把饼撕成小块，然后再好好煎一下，或者把它们做成饼丝，还可以加上葡萄干、肉桂和砂糖。

琳恩最喜欢的是加草莓的甜味饼　　利努斯喜欢加西红柿的咸味饼　　佩特拉喜欢掺了野菜的饼　　缇米喜欢自己在饼上撒肉桂和砂糖　　乔纳斯喜欢饼上有奶酪，配生菜吃最好

卡洛斯和弗雷德有一个观点出奇一致：劳累的工作结束后，喝一杯加了可可的卡布奇诺最好不过。说到最好喝的卡布奇诺，那当然在公园咖啡馆，用纯正的可可粉制作，非常新鲜。卡洛斯喝的是不加任何辅料的纯咖啡，而弗雷德则要加一些棕色的蔗糖。

卡布奇诺巧克力咖啡

2 杯量的配料：
1 块香草荚
1 截肉桂（锡兰肉桂）
100 毫升水
1 茶勺蔗糖
1 茶勺可可粉，用的是脱脂的
300 毫升牛奶
备好可可粉，最后撒入杯中

切开香草荚，刮出里面的籽，把剩余的香草荚和刮出的籽都放入锅中，加肉桂和水，小火熬煮，再加入糖和可可粉，慢火煮15分钟。

把牛奶倒入小锅中加热，不用真的等到烧开。等牛奶慢慢变热后，用打蛋器打成泡沫状。

煮沸的热可可过滤后分装到两个杯子中，在上面浇上牛奶泡沫，再撒上一点可可粉。喝之前搅拌一下。

如果你想自己制作香草味砂糖或其他口味的糖，请参见第135页。

装饰咖啡用的纸质模板?

瓦莱丽是公园咖啡馆的服务生,今天的工作比较清闲。她今天要手工制作给卡布奇诺装饰花样用的纸质模板。为弗雷德做的模板是一个小太阳,卡洛斯的是一个心形。所需的原材料很简单,只要有可以折叠和剪裁的纸就可以。卡布奇诺装进杯中后,把可可粉通过纸质模板撒下去,从中间镂空的花型掉落,杯中的白色泡沫中自然就会出现相应的形状。然后小心地把模板拿掉,就可以为顾客端上漂亮的咖啡了。

有时我也会用肉桂代替可可,撒在卡布奇诺咖啡上。

艾拉克博士是我们这里的牙医,他吃大黄时只喜欢一种做法,那就是搭配牛奶或凝乳。这种吃法能够保护牙齿,也正是因为同样的原因,他喜欢在做大黄时用甜菊来替代砂糖。甜菊尝起来比普通的糖还要甜,但是不会损害牙齿。

甜菊是一种来自南美洲的植物,它有强烈的甜味,你可以把它种在花盆里。干燥的甜菊叶片还可以入浴使用,你能在绿色食品专卖店里买到它。

糖渍大黄拌凝乳

把大黄洗干净,用刀切掉根部,有时候会扯下一些丝状的纤维。把大黄的茎秆切成两指厚的小段。

把甜菊装进蛋形金属过滤球或茶包中,和大黄、红葡萄汁一起放进锅里,大火把水煮开,5分钟后调成小火把大黄煮熟。然后让它自然冷却,取出锅里的甜菊。

把柠檬洗干净,用糖块在柠檬上摩擦,直到糖块变成黄色,这时柠檬表皮的香气已经进入到糖块中。把柠檬放好，留着以后做哪道菜时取柠檬汁用，比如用它做沙拉酱。

把自制的柠檬味方糖碾碎，加入凝乳中搅拌均匀，打发甜味淡奶油。等糖融化以后，把打发好的奶油放到凝乳下面，配上糖渍的大黄。

4 人份的配料：
4 根大黄
1~2 片甜菊叶（新鲜或干燥均可）
200 毫升红葡萄汁

拌凝乳的配料：
1 个完整的柠檬
4~5 块方糖
250 克脱脂凝乳
100 毫升甜味奶油

做更多糖渍大黄储存

如果你想做更多糖渍大黄，或者园里的大黄长得比较大，你可以一次做很多，把它分装好后冻起来。

你也可以用苹果、梨、栗子、樱桃或杏子来做糖渍水果。把水果洗净，去梗去核，切成适口的小块。按照4份水果、1份水、3~4汤勺糖的比例放入锅中加热，煮开后盖上锅盖再蒸10分钟左右，直到水果煮熟变软。

如果延长蒸煮的时间，水果就会煮成软泥，尝起来味道也很棒，尤其是磨细以后。

请你尝试一下：
吃生的大黄会让牙齿失去光泽，喝一口牛奶后会很神奇地重新变光滑，像变魔术一样，为什么呢？这是因为大黄中的草酸能够腐蚀牙齿中的钙质，而牛奶正好把它又给补了回来。

搭配30页的饼或118页的华夫饼也很好吃。

关于复活节早餐，唐娅想出了一个让人惊喜的好主意。用酵母发面做成复活节兔子的形状，代替平常吃的小面包，还为奥斯卡专门做了一只小鹅。做好以后一起放进烤箱，等待和家人一起品尝！

用酵母发面做复活节小兔子

4~5只小兔子的配料：
400克高筋面粉（1050号）和成面团，少许干面粉
1包干酵母
200毫升牛奶
50克黄油
50克糖
1小捏盐
1个胡萝卜
1小撮藏红花粉（可选）
1个鸡蛋
杏仁碎，用来做兔子的胡须
榛子仁，用来做兔子的鼻子
葡萄干，用来做兔子的眼睛

做小鹅的嘴巴：
2颗完整的杏仁

把面粉和干酵母倒入碗里，混合均匀。牛奶在炉子上热一下，把黄油放在里面融化，加入糖和盐。

把胡萝卜洗净，切碎。取1汤勺热水，把藏红花的粉末放在里面溶化，然后把它和胡萝卜一起加入牛奶中搅拌。

把这些东西都倒入面粉中，用勺子搅拌，然后用手反复揉捏，直到面团不沾碗壁为止。如果过于黏稠，就往面团里加一些面粉。最后在面团表层撒一些干面粉，找个温暖的地方放置30分钟左右。

取两个烤盘并铺好烤箱纸。把发好的面团分成4~5份。每一份面团都揉成一个球形（如35页图所示），然后把它们组装成一只小兔子。

把鸡蛋打到碗里，加2汤勺水搅拌，然后把蛋液涂抹在小兔子身上。把榛子仁当作嘴巴，杏仁碎当作胡须，葡萄干当作眼睛，小心地按在面团上。以同样的原理来制作小鹅，用两颗完整的杏仁来做它的嘴巴。

把两个烤盘依次放进预热200摄氏度（对流烤箱温度180摄氏度）的烤箱中层，各烘烤15~20分钟。

可以用砂糖或杏仁屑做小兔子的皮毛。如果把面团中的胡萝卜换成苹果，小兔子的口感会更甜一些。

香喷喷的复活节兔子

如果把糖去掉，换成1汤勺的盐加进面团中，做出来的就是咸味的小兔子。在面团中掺入春天的野菜就更好吃了。

用显微镜能够观察到酵母菌，它属于真菌类，其食物来源是碳水化合物，也就是面粉和糖，生长的过程中会放出气体，这也就是它能够"发面"的原理。酵母菌不喜欢脂肪、盐和寒冷的环境，所以要把面团放在温暖的地方，同时避免被风吹到。

藏红花几乎和黄金一样贵，它的三根雌蕊只能靠人工收获，产量很少，所以非常珍贵。人们把采集到的藏红花溶解在少量水中，做饭时加入一点就能把食物染成漂亮的金黄色，就像一首歌《烤呀烤呀烤蛋糕》里唱的那样"藏红花能做出最好的蛋糕"。

今天是缇米的生日,艾伦带来了美味的小蛋糕。在艾伦的帮助下,缇米很快就把现有的材料做成饼干,然后把它们放进饼干盒里保存,留到下次有人做客时再吃。小蛋糕可以搭配各种东西:草莓、布丁、树莓、西瓜球或冰激凌球。

草莓小蛋糕

10个小蛋糕的配料:
蛋糕胚:
100克脱脂凝乳
1包香草砂糖
3汤勺菜籽油
125克高筋面粉(1050号)
1/2茶勺烘焙粉
1~2汤勺甜味淡奶油或牛奶

把烤箱温度调至200摄氏度(对流烤箱温度180摄氏度)预热。把脱脂凝乳倒入碗中,加入香草砂糖和菜籽油搅拌,再加入面粉和烘焙粉,然后把所有东西混合,揉捏成一个面团。

在工作台上撒一些干面粉,把面团放在上面,用擀面杖擀成厚度约2毫米的面皮。然后用蛋糕模具或玻璃杯在面皮上扣压出10个圆形的小面皮(直径约8厘米)。取一个烤盘,铺上烤箱纸,然后把小面皮都放在上面。

把剩余的面皮团起来,揉搓成细长条,让它们在小面皮边缘围绕一圈,然后统统刷上淡奶油或牛奶。这便是小蛋糕的雏形,用餐叉戳一下,防止烘烤的时候出现凹凸不平的痕迹。

把烤盘放在烤箱的中层,烘烤15~20分钟。然后取出烤盘,让其自然冷却。

把新鲜草莓洗净晾干。挑出10颗外形美观、大小适中的草莓放在一旁。把糖、凝乳和杏仁放在一起,搅拌均匀。剩下的草莓用手持式搅拌棒打成果酱,用勺子舀出来,掺进凝乳中搅拌,混合成糊状。不要加入过多的草莓酱,它会让混合物稀释,剩下的草莓酱可以自己吃掉。

把调制好的草莓凝乳糊涂抹在烤好的小蛋糕上,再把挑出来的草莓放上去,点缀在各个小蛋糕的中心位置。如果草莓比较大就直接切小一点。静置半小时,等蛋糕冷却下来。

装饰蛋糕的材料:
约 200 克新鲜草莓
1 茶勺砂糖
70 克脱脂凝乳
3 汤勺磨碎的杏仁

我最喜欢的是樱桃小蛋糕!

夏 天

树上的樱桃鲜红圆润，
花园里的玫瑰正吐露芬芳。
彩色的裙子轻盈又凉爽，
利努斯也穿上了短裤。

我们早起蹬上自行车，
戴着墨镜和遮阳帽。
中午时分要冲个澡，
然后一起聚会吃烧烤。

下午来杯树莓鲜果冰激凌，
冰爽一下身体和心灵。
炎热的天气想吃到最好的冰，
那要找加布里尔才行。

琳恩家的鹦鹉在和声，
跟夜莺组成了二重唱。
这样的夜晚多么美好，
今天我们都不想去睡觉。

做果酱时会放很多糖,可以存放更长的时间。用果胶糖替代的话,不煮也会很浓稠,只是不耐储存,必须放进冰箱里冷藏。这样大家随时都会吃到新鲜的果酱,很快就会把存货吃光。

伊尔玛总是起得和打鸣的公鸡一样早,她在做早饭之前偶尔会做点果酱。尽管果酱做法很简单,过程也快,但吃起来非常新鲜可口。关于这一点,假期来农庄里做客的人们纷纷同意。

醋栗树莓果酱

把醋栗和树莓洗干净,去掉腐坏的果粒。将醋栗颗粒撸下来,最好的方法是手指捏住穗梗,用叉子从上往下把果粒捋进下方的碗里。

把糖撒在醋栗和树莓上,然后用手持式搅拌棒(一定要由成年人来操作!)搅拌45秒,更简单的办法是使用电动搅拌机。

然后把打碎的果酱糊装进干净的广口瓶封好,放进冰箱中冷藏,大概可以储存10天的时间。

1 瓶装的配料:
125 克红醋栗
125 克树莓
100 克果胶糖
一个带密封盖的广口瓶(300 毫升)

如果能把水果冷藏很久,那么冬天也能做新鲜的果酱吃了。

自从桑托什带朋友们去吃过印度餐后,大家都喜欢上了印度奶昔。它是一种混合奶昔,桑托什自己喜欢芒果奶昔,苏珊娜喜欢草莓奶昔,丹妮拉喜欢水蜜桃的,曼弗雷德和彼得则最喜欢黄瓜口味。炎热的天气里,冰凉的印度酸奶沙拉是非常消暑的一道爽口菜品。

印度甜奶昔

把水果除梗去核,像西瓜或芒果之类果皮太厚太硬的要先削皮处理。水蜜桃在中间切入,沿桃核的周围切割一圈,然后把两半桃子反向旋转,使桃核和果肉分离。处理好的桃子切成几大块,放入容器中,由一位成年人操作手持式搅拌棒打碎成果泥。

根据需要往酸奶中放糖,稍微搅拌一下。

将酸奶和果泥分装到四个杯子中,倒入碳酸水。

4 杯份的配料:
200 克水果果肉(例如莓果、西瓜、水蜜桃、芒果)
150 毫升原味酸奶
1 汤勺(酌情)砂糖
碳酸水

自制酸奶的方法请参见第65页的内容。

黄瓜西红柿酸奶沙拉

把蔬菜和薄荷洗干净,黄瓜去皮,按照长度先切成段,再切成黄瓜片。

西红柿先去掉尾部的蒂,切成几块。小葱切掉根部,摘掉枯萎的叶子,葱白和葱叶一起切成薄片。薄荷叶也切成细细的丝。

酸奶里加入小茴香、细盐、胡椒后拌匀,把切好的蔬菜倒在里面搅拌好,尝一下味道。

四人份的配料:
半根黄瓜
200 克西红柿
1 根小葱
10 片薄荷叶
200 克酸奶
半汤勺小茴香粉
盐、胡椒

做印度奶昔时也可以用脱脂牛奶代替酸奶。如果这样,配方中就不要碳酸水了,但需要准备400毫升脱脂奶。酸奶沙拉中的酸奶也可以用脱脂牛奶替代。

这是彼得最爱吃的菜,从颜色搭配上看像意大利菜:绿色、白色和红色的组合。尝起来有一种正在度假中的感觉,做起来也简单快捷。依纳、佩特拉和乔纳斯也都很喜欢这道菜,只有小狗史特卢比认为还是骨头比较好吃。

西红柿配马苏里拉奶酪和罗勒叶

4 人份的配料:
6 个西红柿
2 个马苏里拉奶酪球(每个 125 克)
1 束罗勒
2 汤勺香醋
胡椒、盐

把西红柿洗干净,切成两半,去除尾部的蒂。处理好的西红柿放在菜板上,用带锯齿的面包刀切成一指厚的薄片。

把马苏里拉奶酪球晾干,切成两半后再切成薄片。罗勒叶洗净后晾干。

把西红柿、马苏里拉奶酪和罗勒叶像层叠的瓦片一样摆成椭圆形的一圈。

把橄榄油和香醋洒在沙拉上,然后撒上盐和胡椒。最好用研磨器先把胡椒磨成粉。大功告成!

我在花园里种了各个品种的西红柿，小西红柿尝起来非常甜。在阳台的花盆里也可以栽种。

自己栽种西红柿

如果要自己种西红柿，最晚应四月播种。你可以在窗台上进行育苗，选择适合育种的浅盆，底部放上保护鸡蛋用的包装盒或自己制作的小格子间。

撒种时以2~3厘米的间距区隔播种密度，覆盖在种子上方的土层厚度大约为1厘米。要定时浇水，保证土壤湿度，把浅盘放在光照充足、温暖适宜的地方。等五月份出苗以后，再将西红柿菜苗单独移栽到花盆中。

如果晚上天气太冷，请把花盆搬到室内。为了保证菜苗能茁壮成长，成长的过程中还要修剪植株，如有必要还要绑一个棍子作为支撑。等长出青绿的小西红柿以后，把植株放在窗台上让阳光充分地照射，等它慢慢成熟变红就可以了。

这种枝桠处长出来的嫩芽，也被成为"吸根"。

奥斯卡非常喜爱各种动物，尤其喜欢鹅，所以他不愿吃肉。如果大家邀请他一起吃烧烤，他会做一道好吃的沙拉，供大家品尝，肉食主义者也爱它。

古斯米沙拉

用流水先把柠檬、菜椒和细香葱洗净，然后晾干。

先用擦丝器把柠檬皮擦成细丝，把柠檬切成两半，挤出柠檬汁。大蒜瓣扒皮后切成碎末。把柠檬汁和柠檬皮细丝、大蒜末、橄榄油、水、盐、胡椒放在大碗中混合均匀，然后把古斯米倒在碗中，搅拌后放在碗中浸泡。

洗净欧芹，在室外或者小心地在水槽中甩掉水滴，连梗带叶一起切碎，取出一汤勺放在一旁。

4 人份的配料：
1 个完整的柠檬
1 个红菜椒
3 棵小葱
1 个蒜瓣
5 汤勺橄榄油
200 毫升温水
盐、胡椒
150 克方便即食的古斯米
1 扎光滑的欧芹

菜椒去掉梗部、白色的内壁和里面的种子，只留外壳部分，切成细丁。

小葱去掉须根和枯萎的叶子，葱白和葱叶一起切成薄片。

把切好的菜椒、取出的一勺欧芹和香葱末加入古斯米中搅拌均匀，再加盐和胡椒调味。最后再把剩下的欧芹撒在沙拉上。

我喜欢在古斯米沙拉里加入切碎的西红柿和黄瓜。

而我喜欢在里面多加欧芹！

古斯米来自北非地区，是用小麦糁粗颗粒做成的。因为出售的是已经加工好的熟食，所以做起来十分简单便捷。温热的古斯米是厨房里的万能搭配，和各种食材一起做都很好吃：肉类、鱼类、蘑菇、蔬菜和鹰嘴豆都可以，甚至还能搭配甜食一起煮。

如果你也像奥斯卡一样做了一道沙拉，还可以在蔬菜丁里放一片菲达奶酪，这道沙拉可以作为一道主食，吃起来格外美味。如果再往里面放些橄榄和一撮切碎的新鲜薄荷叶，那味道简直好极了！

琳恩和托马斯今天煮了很多土豆。晚餐是煮土豆配野菜凝乳，剩下的土豆用来做一道彩色土豆沙拉，明天带到幼儿园去。托马斯这次又是来帮厨的。

土豆沙拉

4 人份的配料：
600 克质地粉糯的土豆
1 根小黄瓜
4~5 个大的红萝卜
1 把细香葱
50 毫升水或蔬菜汤
2 汤勺黄芥末
2 汤勺菜籽油
2 汤勺醋
盐、胡椒

准备足够的水，把土豆仔细刷洗干净。然后加200毫升的水，放到小锅煮。盖上锅盖煮大约20分钟，如果土豆比较大，煮的时间要更长一些。

等土豆煮熟的间隙，把小黄瓜、红萝卜和细香葱洗干净。

切掉小黄瓜尾部，然后把小黄瓜先切段，再切成薄薄的黄瓜片。

切掉红萝卜尾部的细根和叶片。把萝卜先切成几大块，然后切碎。

用干净的剪子把细香葱剪碎。这时候土豆也差不多煮熟了，捞出后用凉水冲一下，这样更方便去皮。

在水或蔬菜汤中加入黄芥末、菜籽油、醋、盐和胡椒，拌成

怎样用少量水来蒸煮土豆，请参见第133页。

酱汁。把土豆切成薄片，放到酱汁里，搅拌均匀。最后把其他配料都加到里面拌匀。

把做好的沙拉晾至少15分钟。用盐和胡椒调味，还可以加一点醋。土豆沙拉无论热着吃还是凉了吃都很美味。

土豆泥沙拉

如上文中描述的那样，把土豆煮熟，去皮，冷却，切成薄片。然后把洋葱削皮，切碎。把火腿肉、鸡蛋和酸黄瓜切丁。挤出柠檬汁，加醋、黄芥末、酸奶油和酸奶搅拌，再加盐和胡椒调味。

把土豆片、鸡蛋、火腿丁和黄瓜丁放到调制好的酱汁里。最后尝一下味道，如果需要就再加一些作料调味。

土豆煮熟了吗？用餐刀或找根竹签戳一下。煮熟的土豆会变软，不像生土豆那么硬。

给土豆去皮时用这个工具可以帮助扎开土豆皮。土豆越热，去皮就越容易。

4 人份的配料：
600 克质地粉糯的土豆
1 个小洋葱
2 片火腿
1 个煮熟的鸡蛋
3~4 根酸黄瓜
1/2 个柠檬
1 汤勺醋
1 汤勺黄芥末
100 克酸奶油
100 克原味酸奶
盐、胡椒

可以用各种原材料来做土豆沙拉，试着找出你最爱的那种。比如加芹菜、球茎茴香、西红柿或小葱。

煮土豆和丹妮拉的野菜炼乳最搭配了，做法请参见第18页。

如果有鲜嫩的蔬菜和罗勒，那就做一道印度蔬菜汤吧。佩特拉特别喜欢把意式香浓菜汤和字母意大利面一起煮，这样她在吃饭的时候还能做一下拼读。

4 人份的配料：
2~3 棵小葱
2 个胡萝卜
2 个西红柿
1 根玉米
50 克火腿丁
1 枝迷迭香
2 汤勺菜籽油
1 汤勺番茄酱
1 把罗勒叶
盐、胡椒
100 克字母意大利面
100 克剥好的豌豆粒（新鲜的或冷藏的都可以）
50 克奶酪碎屑（最好是帕尔玛奶酪）

意式香浓菜汤搭配字母意大利面

把新鲜蔬菜和野菜洗净，沥干水分。

切掉小葱的须根，脆嫩的胡萝卜无需削皮，把小葱和胡萝卜都切成薄片。用带锯齿的面包刀切西红柿。先把西红柿切成两半，去掉尾部的蒂，然后切成小块。

把玉米放在菜板上，用一把长刀把玉米粒从玉米上切下来。

取一口汤锅，倒入菜籽油加热，加入火腿丁和迷迭香炒一下，直到食材在锅里发出滋滋的声音。然后加入番茄酱和胡萝卜切片继续煎炒，把所有食材一起炒一会儿。倒入800毫升水，加2汤勺盐和一小撮胡椒。盖上锅盖等水烧开，然后加入意大利字母面继续等水煮开。等待的间隙里用剪刀把罗勒叶剪成细条。

最后把西红柿、豌豆、玉米倒入汤里。用小火煮，数到100以后把汤舀到盛汤用的盖碗中，挑出里面的迷迭香，撒上剪碎的罗勒叶，菜品完成。

别忘了把奶酪碎屑放在桌子上，按照口味自取，撒在汤里。

汤里放上字母意大利面能提高人的阅读能力！字母面需要煮多长时间要看包装袋上的说明。

意式香浓菜汤中可以放任何蔬菜：球茎甘蓝、西葫芦、西兰花或豌豆。如果有人不喜欢意大利面而更愿意吃面包，可以把烤面包加新鲜的大蒜磨碎，撒上罗勒叶和奶酪碎屑，盛在汤盘里，最后浇上滚烫的蔬菜汤。

最好吃的当然还是新鲜的豌豆，它们一般在六七月份成熟。豌豆上市时都带着不能食用的豆荚，做菜前要把豌豆从豆荚里取出来，所以买豌豆要按照菜谱中用量的三倍来买。刚剥出壳的嫩豌豆尝起来新鲜清甜。自己在花盆里也能种植。

奥利弗工作结束准备回家，在公交站台上就闻到了四处飘溢的烤肉香气，这让他感到非常愉悦。这种烤肉在德国有几种叫法，比如煎肉饼、牛肉丸、猪肉饼等，在美国被称为汉堡肉饼，在土耳其被称为烤肉、土耳其烤肉丸或烤肉饼。

烤肉饼

20 个烤肉饼的配料：
1 个放干的小面包或 1 片干面包片
1 个洋葱
300 克搅碎的肉末（羊肉或牛肉）
1 茶勺盐、胡椒
1 茶勺辣椒粉
1 小撮土耳其传统辣椒粉
1 个鸡蛋
3 汤勺面包屑
2~3 汤勺植物油，用于煎烤

把小面包或面包片放进碗里，倒入热水浸没，泡10分钟左右，让面包泡软。

在这段时间里剥好洋葱，先切块再切丁。把洋葱丁和碎肉末一起放进碗里，加入盐、胡椒、辣椒粉和土耳其传统辣椒粉。

然后用手把面包的水挤掉，敲开鸡蛋，一起倒入装有碎肉的碗里。手指用力揉捏碗里的食材，直到各种配料都混合均匀。

如果肉团比较柔软，加入面包屑再揉捏均匀。

手上沾点水，把肉团捏成一个个肉丸或肉饼。

在一个大平底锅里倒入油加热，放入肉饼，中火煎烤7~9分钟，直到肉卷煎成棕色。

你也可以不放小面包或面包片，而是用米饭、古斯米、面包屑或一个削皮并磨碎的大土豆代替。调味时你也可以试一下用各种调料搭配，比如加百里香、黄芥末、番茄酱或大蒜。

如果你想尝试烧烤，还可以把肉团做成肉串烤着吃。

土耳其传统辣椒粉？这是什么东西？

它是一种加了辣椒的混合调料包，闻起来有些辣味和甜味。

在土耳其烤肉店就有这种东西。

如果你在土耳其说买胡椒，买到的就是这种传统辣椒粉。

肉末的特殊性质：
因为肉已经被搅碎，它会很快腐坏变质，所以要一直放在冰箱冷藏，最好买来的当天就把它用掉。做烤肉饼时多用羊肉和牛肉；如果用猪肉按照菜谱的步骤做，做出来的就是猪肉饼。

也可以用干辣椒或菜椒自己做。

爱吃鱼的不只有莫尼卡和明古斯。幸运的是，我们有鲜鱼店波塞冬。每周进货三次，保证大家一直都有新鲜的鱼吃。

烤鱼配土豆羹

4人份的配料：
土豆泥
700克煮熟的粉质土豆
200毫升牛奶或脱脂奶
1汤勺黄油
盐
磨碎的肉豆蔻

锅里放入约1/4升的水，把洗干净的土豆放进去，煮到变软为止。然后取出煮熟的土豆，用冷水冲一下再去皮。

接着把锅刷干净，倒入牛奶加热，时不时搅拌一下，防止牛奶烧糊！把土豆切一下，倒入锅中，加入黄油、盐和肉豆蔻，用土豆捣碎器把土豆捣成泥。同时将准备好的鱼排用厨房吸水纸擦干。

把青柠或柠檬切成6块，其中4块放在盘子一侧，另外2块挤出果汁洒到鱼肉上，给鱼调味。

将面粉倒入一个平底的碟子中，和姜黄粉一起混合均匀。依次把鱼排放到里面，挨个翻转一下，保证每块鱼排的两面都均匀地沾满一层混合了调料的面粉。

把菜籽油倒入平底锅，加热，然后把鱼排放入锅中，正反面分别煎烤3~4分钟至焦黄酥脆。取出煎好的鱼排，用青柠切块做装饰摆盘。

酸奶蛋黄酱

黄瓜切成小块，莳萝切碎，放入酸奶中拌匀，加入盐和胡椒调味。做好了！

做鱼的配料：
4块鱼排（比如黑鳕鱼或鲇鱼，每块150克）
1个青柠或柠檬
盐
满满2汤勺面粉
2茶勺姜黄粉
2汤勺菜籽油，用于煎烤

关于怎样自制酸奶，请参见第65页。

姜黄是一种来自印度的植物，和生姜相近，调味使用的是它的根茎。人们常称之为"郁金"，因为它们的外表非常相似。姜黄的口味比较温和，非常有益于健康，是咖喱粉中颜色的来源。

做这道菜最好用新鲜的鱼排，如使用冷冻的鱼则在煎烤之前不要完全解冻，否则鱼肉会松散破碎。

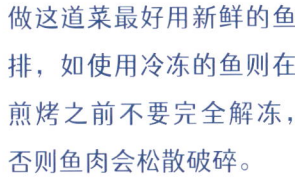

如果是桑托什亲自掌勺，大家都会愿意来吃饭。今天的菜单是印度香饭，一种加了火鸡肉的印度炒米饭。做饭的时候，桑托什把制作咖喱的配方告诉了伊冯：小茴香、姜黄、肉豆蔻、辣椒、丁香和香菜。

印度香饭

4 人份的配料：
1 把小葱
2 汤勺黄油
200 克印度香米
盐
200 克火鸡的胸脯肉
胡椒
咖喱粉
1/2 只柠檬
50 克腰果
300 克豌豆（新鲜的或冷冻的）
100 毫升甜味淡奶油

把小葱洗干净，切掉须根和枯萎的叶子。葱白和葱叶一起切成薄片。

把1汤勺黄油放进锅里加热，加入切好的葱花和大米炒2分钟左右。然后倒入400毫升水，大力地搅动，加1汤勺盐调味。盖上锅盖，小火煮15分钟，这个过程中大米会吸收锅里的水分。

煮制期间把火鸡的胸脯肉切条，加咖喱粉、盐和胡椒腌制。柠檬汁挤出备用。

取一只大的平底锅，把剩下的黄油放在锅里融化，加入鸡胸肉和腰果炒5分钟，直到炒成棕色。加入柠檬汁、豌豆和甜味淡奶油，再加热一下，尝尝味道，判断其是否适合和米饭搭配一起吃。冷冻的豌豆比新鲜豌豆所需的加热时间要长！

用剩余的米饭来做煎米饼

把米饭、油和面粉倒入碗中搅拌均匀。把能找到的蔬菜都切成小块：西葫芦擦丝，菜椒切成细丁，豌豆和玉米粒不用处理。把野菜洗干净，甩干水分，用半月弯刀切碎。然后把切好的蔬菜和野菜倒入米饭中拌匀。加入盐、胡椒和辣椒粉调味。

把油倒进带盖子的平底锅中加热。取一个湿汤勺挖一块米糊团放进锅里，用勺子背面抹平。将米饼煎4~5分钟，直到它的外皮煎成酥黄。然后用铲子把它翻过来，反面煎烤同样长的时间。

煎烤的过程中最好使用防溅板。最后把煎好的米饼放在干净的厨房吸水纸上晾干。

可以搭配一点斯美塔那酸奶油或番茄酱，也可以拌一道彩色沙拉。

2人份的配料（8块米饼）：
200克煮熟的米饭（需用大米100克）
1个鸡蛋
3汤勺面粉
1碟蔬菜（搜集一下你现在有哪些蔬菜可以用，比如西葫芦、菜椒、豌豆、玉米粒等）
3汤勺新鲜的野菜
盐、胡椒
辣椒粉、甜辣
2汤勺植物油，用于煎烤

无论什么种类的大米都可以拿来做煎米饼。如果你家里有剩下的意式烩饭（参见第99页），也可以用它来做煎米饼。还可以用牛奶甜饭（参见第112页），做出来的就是甜米饼。这种做法就不用加蔬菜、野菜和其他调味料了，换成苹果丝和其他切碎的果脯肉，然后撒上肉桂砂糖。用来搭配糖渍水果非常合适。

米饭越黏，做出的煎米饼越紧实。

今天中午,书店的展示橱窗被不知从哪飞来的球打破了,所以雨果的下班时间又晚了。不过,让他欣慰的是家里有许多最近刚做好的番茄酱,现在他只要把意大利面煮熟就能吃上晚饭了。

意大利面配番茄酱

4 人份的配料:
700 克西红柿
1 个洋葱
3 枝百里香
2 汤勺橄榄油
盐、胡椒
300 克意大利面
1/2 茶勺蜂蜜
1 汤勺番茄酱

把西红柿洗干净,切成4块,去掉尾部的蒂。洋葱削皮,切成两半,再接着切成细丁。百里香洗净晾干,把叶子从枝条上撸下来。

油倒入锅里加热,放入切好的洋葱炒一下,然后加入西红柿块和百里香焖5分钟,加盐和胡椒调味,慢火加热20分钟,让酱汁变得浓稠。期间不时用勺子搅拌,锅上盖一块防溅板,防止汁液喷溅。

这段时间可以同时煮意大利面,水烧开,加少量的盐,放入意大利面,根据包装袋上的说明煮面。用捣碎器用力把锅里煮好的西红柿和洋葱捣碎,或者让成年人用手持式搅拌棒打成酱。

再一次加盐、胡椒、蜂蜜和番茄酱调一下味道。

意大利面煮好之后倒在筛子上晾一下，滤掉水分，拌上做好的番茄酱就可以吃了。

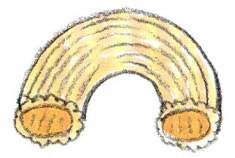

牛角形意面

意式宽面条

笔尖面

螺旋粉

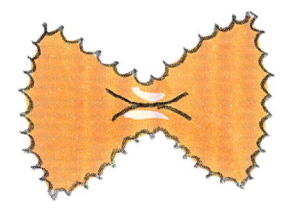

蝴蝶面

番茄酱做好后储存起来能吃一整年，所以我们家的冰箱里常备几罐番茄酱和意大利面。如果没有新鲜的西红柿，也可以用西红柿罐头来代替。

你们认识多少种面？你们知道各种面都长什么样吗？最早是谁发明的面？关于这个问题人们没有确切的答案，但是不管他或她是谁，这都是一个非常伟大的发明，你觉得呢？

艾尔克和曼弗雷德在法国蜜月旅行时带回了这份食谱。把面糊放在磨具中,简单地加上新鲜樱桃一起烘烤即可,刚出炉的时候尤其好吃。剔出来的樱桃种子都留给了安德里亚,她就是用这些种子缝制了一个樱桃籽枕头,作为送给弗里德里希的生日礼物。

醉樱桃

4 人份的原料:
约 500 克樱桃
3 个鸡蛋
4 汤勺绵白糖
150 克面粉
250 毫升牛奶
用来刷在模具上的黄油或人造黄油

樱桃仔细洗净后去梗。最好用去核器把种子去掉,这样樱桃籽不会进入到糕点中。不要忘记穿上围裙!

把鸡蛋打到碗中,用打蛋器搅拌,加入一半的绵白糖,然后轮流往里面加一些面粉和牛奶,不断搅拌,直到碗里没有任何散碎面块为止。

烤箱温度调到200摄氏度(对流烤箱温度180摄氏度)预热,找一块合适的烘烤模具,刷上黄油或人造黄油。

然后倒进拌好的面糊,樱桃放在上面作点缀,把模具放进预热好的烤箱中部烘烤。

大约15分钟后,樱桃蛋糕就烤好了,取出来放在筛子上,然后把剩下的绵白糖撒在烤好的蛋糕上。

这种樱桃蛋糕无论热着吃或凉着吃味道都很好，搭配香草冰激凌更是美味！

樱桃籽枕头

如果从夏天开始收集樱桃籽，攒着攒着就可以填进口袋里做成一个枕头了。冬天的时候把枕头放在暖气上烤热，像热水袋一样放在床上，它既可以暖脚，又可以缓解腹痛和背痛症状，让人感觉非常的安逸和舒适。

首先要把樱桃籽都仔细地洗净晾干。最好找一个托盘，摆在阳光下晒干。然后就是简单地缝制枕头了，做好后请好好地使用它。如果你自己做不了这样的手工活，让一个成年人来帮你。枕头的一侧必须留一个开口，便于往里面填充樱桃籽，填好后再把开口封上，枕头就做好了。

做一个枕头需要的原料：
一定数量的樱桃籽
一块做枕头的布料
线、剪刀、针
也可以用缝纫机

喜欢漂亮枕头的可不止弗里德里希一个。它又舒适又温暖，生病的时候也有一种抚慰的力量。

有时候冷饮店距离太远,或者加布里尔的冰激凌卡车刚好在城市的另一端。这时候可以从冰箱里拿出自制的冰棍,这让琳恩和利努斯感到非常开心。

冰棍

把脱脂凝乳、香草砂糖和糖放在碗里搅拌成糊状。洗净草莓,去掉绿色的梗部,放进碗里,用手持式搅拌棒(请成年人操作)一起打成果泥。

如果往里面加的是比较酸的水果,比如醋栗,可以再加些糖。把奶油打发,放在凝乳中拌匀。

把拌好的材料放进冻冰棍的冰格里,最好是硅胶制的软冰格,一个个填充好。把吸管剪成小节(最好选能立得住的硬质吸管),每个冰格里放一节当作冰棍棒,方便冰棍冻好以后用手拿着吃。最后在冰格里撒上一点坚果碎或巧克力颗粒。

然后把冰格放进冷冻层,至少冷冻3小时。等冰棍冻好之后,将其一个个地从冰格里取出来。

4 人份的配料:
100 克脱脂凝乳
1 包香草糖
2~3 汤勺糖
150 克草莓(或其他甜浆果)
50 毫升甜味淡奶油
吸管
根据个人口味添加坚果碎或巧克力颗粒

自制酸奶非常简单,不需要太多器具或辅料。此外,这样做还会减少垃圾,避免产生多余的废塑料。酸奶里面还可以放喜欢吃的东西。

自制酸奶

把牛奶煮开,然后等它冷却到40~50摄氏度之间。

在这期间把准备装酸奶的小陶罐或小瓷瓶都洗干净,用热水先预热一下。

把3~4汤勺原味酸奶加入冷却的牛奶中,用打蛋器用力搅拌。

把装有牛奶和酸奶混合物的小锅放在带盖的碗盆中,盆中注入热水,水量加到容量的三分之二左右,然后盖上盖子,在温暖的地方放置4~5个小时,最好能过一个晚上,让乳酸菌充分地发酵成熟。在此期间尽量不要挪动这个碗盆。等酸奶做好之后放进冰箱冷藏,口感会变得更加紧实一些。酸奶发酵的时间越长,口味就越酸。

500毫升酸奶的配料:
500毫升新鲜牛奶
原味酸奶(酸味强,无其他添加成分)
一些小陶罐或瓷瓶,容量足够分装500毫升牛奶
带盖的大碗或其他容器(比如砂锅)
温度计

秋 天

樱桃树换上了一身秋衣，
成熟的栗实坠在枝头。
椋鸟、燕子，还有鸬鹚，
不久就要向西班牙迁徙。

苏珊娜喜欢走进树林里，
采集各种浆果、坚果和蘑菇。
除了能得到这些美味的食物，
她还会经历狂风、暴晒和大雨的坏天气。

南瓜雕刻的鬼脸，好玩的萝卜灯，
星星点点地在窗外闪动。
这些一点都不能使人感到惊吓，
甚至鬼怪幽灵我们也一概不怕！

我们请邻居们来家里做客，
吃新鲜的苹果、卷心菜和烤肉，
还有意大利面、饼干和烧鹅，
而且要用银餐具来铺桌！

过万圣节的习俗最早源自爱尔兰，之前大家会用大萝卜做原材料准备许多萝卜灯，到今天大多已经演变成了南瓜灯。弗里德里希把自家的大南瓜送给了幼儿园。这南瓜不像北海道南瓜那么硬，内部的果肉还可以煮出非常美味的南瓜汤。不过首先要把它刻出万圣节鬼脸的形状。所有的孩子都过来帮忙，琳恩和利努斯先用毡头笔在南瓜上划出顶部盖子和鬼脸的轮廓，等弗里德里希把盖子切掉后，大家就用手掏出里面的南瓜籽，果肉最好用冰激凌勺或一个大勺子往外挖。等到需要用锋利的小刀刻鬼脸时就需要弗里德里希出马了。有一些图案也可以用苹果去核器来帮助雕刻。刻好南瓜鬼脸后，晚上在里面点上蜡烛，这就是万圣节的南瓜灯，黑暗的夜色中远远看去有一种诡异的色彩。

今天是 10 月 31 号，万圣节前夜，幼儿园里的大南瓜上已经刻好了鬼脸，所有的孩子都来帮忙，大家都期盼着西尔维娅做的美味南瓜汤。

南瓜汤

剔出果肉中的南瓜籽，把南瓜随意地切成小块。洋葱和蒜瓣去掉外皮，切成小块或细丁。把苹果洗净，切成4块，切梗去核。除非苹果皮较厚较硬或有瑕疵，否则不必削皮。

黄油放在锅中加热融化，放入切好的洋葱和大蒜，混合咖喱粉炒两分钟。然后加入切好的南瓜和苹果，倒入500毫升水，放盐和胡椒调味，盖上锅盖焖煮20分钟左右，将所有食材都煮熟变软。

在这期间洗好欧芹，甩干水珠，把叶子摘下来后切碎。

找一位成年人，用手持式搅拌棒把汤里煮好的蔬菜水果打碎。

小心地放入斯美塔那酸奶油，把肉豆蔻磨碎放入汤里，然后再次加盐和胡椒调味。根据喜好加水稀释，直到汤汁浓度符合大家的要求。

4 人份配料：
500~600 克南瓜果肉
1 个洋葱
1 颗蒜瓣
1 个苹果（或者用熟透掉落的果子也可以）
2 汤勺黄油
1 汤勺咖喱粉
盐、胡椒
1 把欧芹
200 克斯美塔那酸奶油
肉豆蔻

更多关于南瓜的菜谱在下一页。

安德里亚和弗里德里希赢得了南瓜比赛，他们邀请大家一起来庆祝。他们端出了两个大烤盘，装满烤南瓜片和烤土豆片。这种做法非常实用，等一个烤盘里的东西做好了，马上把另一个准备好放进烤箱。

烤南瓜块

4 人份的配料：
北海道南瓜（800 克）
4 个油浸西红柿
1/2 个柠檬
4 汤勺植物油（或者也可以用西红柿里的油）
4 汤勺混合的谷物颗粒（比如葵花籽和南瓜籽）
2 茶勺盐

　　南瓜洗净，切成两半，最好放在菜板上，用勺子刮掉南瓜籽，再把南瓜果肉切成一指厚的南瓜片。北海道南瓜很硬，切的时候会有些困难，需要有位成年人在一边帮忙。

　　西红柿晾干，先切成条再切成丁。柠檬挤汁备用。将西红柿、柠檬汁、油和瓜籽混合搅拌，把南瓜片放进去翻转蘸下，撒上盐。

　　烤盘上铺好烤箱纸，先把烤箱温度调至200摄氏度（对流烤箱温度180摄氏度）进行预热。

　　把南瓜片在烤盘上摆好，推进烤箱中层烘烤20~25分钟即可。

迷迭香烤土豆

用刷子或钢丝球把土豆仔细刷干净,然后把土豆切成两半。

摘下迷迭香枝条上细细的叶子,和植物油混合。把土豆放在里面滚一下,加盐调味。

给烤盘铺上烤箱纸,把烤箱温度调至200摄氏度(对流烤箱温度180摄氏度)预热。

土豆块切面向下,平放在烤箱纸上,放好后推进烤箱中烘烤,等待约25~30分钟就可以了。

4人份的配料:
800克土豆
新鲜的迷迭香枝条
4汤勺橄榄油
2茶勺盐

种南瓜

请你和我一起这样做:我不会丢弃南瓜的种子,而是把它们保留下来,洗净晾干,包在密封的纸袋里储存。三月的时候把它们种在小花盆中,然后仔细浇水、耐心等待,直到土里长出新叶。五月时夜晚已经不再寒冷,可以把南瓜种苗移栽到室外肥料充足的菜地或花园里,它会攀着篱笆或藤架继续生长。无论如何要保证南瓜在生长期能得到充足的阳光和土壤。

有些小香肠也可以放在烤箱里,比如纽伦堡香肠。

奥斯卡喜欢用丹妮拉的蔬菜凝乳(参见第18页)搭配烤土豆一起吃。

夏天过去了,加布里尔喜欢摘栗子,也喜欢采蘑菇。这个过程就像探险一样惊奇。她认识很多蘑菇品种,不过如果她不确定某一个蘑菇是否能吃,就不会采摘。

配料烤蘑菇

4 人份配料:
12~16 个大蘑菇(500 克)
半把欧芹
1 颗蒜瓣
40 克面包屑
40 克奶酪屑
盐、胡椒
3 汤勺橄榄油

用厨房吸水纸或软毛刷把蘑菇整理干净,小心地旋转,使蘑菇的头部与柄部分离,把蘑菇头放在一边。

欧芹洗净,甩干水珠,把叶子从梗上摘下来。剥好大蒜瓣,和蘑菇的柄部、欧芹叶子一起切碎。

将切好的配料、面包屑、奶酪屑混合,加入盐和胡椒调味。烤箱调至180摄氏度(对流烤箱温度160摄氏度)预热。给烘烤的模具抹上一层橄榄油,往蘑菇里填塞混合好的配料,放入抹上油的模具中。然后把模具放进烤箱中层烘烤15~20分钟。

烤好后搭配面包和沙拉吃最好了!

蘑菇炒鸡蛋

把鸡蛋、牛奶和调料倒在一起，用餐叉或打蛋器搅拌。

取一只小平底锅，放入洋葱末，加黄油煎成金黄色；再加入蘑菇，不停地搅拌，中火煎炒4分钟左右，将蔬菜中煎出的水分烧干。

然后加入混合好的鸡蛋、牛奶和香料，视情况还可以再加点黄油，等蘑菇和煎蛋凝结成块，翻转一下，最后取出煎蛋放在面包片上即可。

1 人份配料：
1 个鸡蛋
2~3 汤勺牛奶
盐、胡椒
磨碎的肉豆蔻
1 汤勺切碎的洋葱末
1 汤勺黄油
1 把蘑菇

关于蘑菇

你知道吗？蘑菇既不属于植物，也不属于动物。

它们是另外一种独特的生物种群，很多蘑菇如伞菌、平菇、杏鲍菇和香菇都可以人工培育种植。还有一些可以在野外的树林或草地中采集。蘑菇的采收从夏天开始，尤其是天气暖和、空气潮湿的条件下，蘑菇会长得更快。除了可以食用的蘑菇品种之外，还有许多蘑菇是有毒的，所以必须有个像加布里尔一样熟知这方面知识的人在一旁指导协助。大部分城市里设有专门的蘑菇咨询中心。还有一点非常重要，蘑菇很快就会枯萎，所以要趁着新鲜尽快食用。如果一下子采了很多，不能很快吃完，可以用线串起来风干，再将干蘑菇装进广口瓶中储存。干蘑菇做菜或调味都非常好吃。

谈谈采蘑菇：

采蘑菇的时候我总是带着篮子和一把小刀。为了保证蘑菇明年还能继续生长，要用小刀把它小心地切下来。采下来的蘑菇放在篮子里比放在塑料袋里更容易保持新鲜。

甘蓝类蔬菜包含很多不同种类：菜花、西蓝花、紫甘蓝、羽衣甘蓝、孢子甘蓝、皱叶甘蓝、球茎甘蓝和卷心菜。很多人会用卷心菜来做酸泡菜，但是托马斯的做法有所不同，不仅没有一点酸味，吃起来还非常爽脆嫩甜，这道菜是琳恩的最爱。

卷心菜配意大利面

把意大利面放入足量的盐水中，煮到熟而不烂刚好食用的程度。舀出100毫升煮面汤备用，剩下的连面带汤一起倒入筛子晾着。

把卷心菜洗净，先切成两半，然后仔细切成细条，又厚又硬的叶梗丢弃不用。

4 人份配料：
200 克意式宽面条或牛角形意面
1 个小的卷心菜（约 800 克）
1 瓣大蒜
1 个洋葱
2 汤勺菜籽油
200 克碎牛肉
盐、胡椒
2 茶勺辣椒粉，甜辣味
100 克斯美塔那酸奶油

菜花　　　　　　　西蓝花　　　　　　　紫甘蓝

托马斯用专门的切片刀把卷心菜切成圆圆的薄片，而做到这个除了需要一把大大的切片刀之外，还要有一双有力的大手！

蒜瓣和洋葱剥皮，切成细丁。

取一只配有锅盖的大号平底锅，倒入菜籽油加热，将碎肉末、大蒜和洋葱丁倒入锅中，加盐、胡椒和辣椒粉调味。不停地搅拌并煎炒，直到肉末炒成棕黄松脆的状态。

然后往平底锅里放上切好的卷心菜，小火加热，盖锅盖焖20分钟左右，直到卷心菜炒熟，在菜快熟之前倒入之前保留下来的面汤。

最后加上斯美塔那酸奶油，拌入面条并一起稍稍加热，尝一下味道就可以出锅了！

我们素食主义者不加肉，而是往卷心菜中放切碎的核桃仁。

羽衣甘蓝　　　　孢子甘蓝　　　　卷心菜　　　　皱叶甘蓝

很久很久以前，土豆、西红柿和四季豆从南美引进德国。佩特罗做菜请朋友们聚会时，总会在餐后弹着吉他唱首歌。

西红柿焖四季豆

4 人份配料：
600 克青绿的四季豆
1 个洋葱
2 汤勺橄榄油
3 汤勺番茄酱
1 盒西红柿罐头（400 克）
盐、辣椒粉
1 茶勺小茴香
1 把欧芹或香菜

四季豆洗净，掐掉首尾两头，同时扯掉两侧的筋络（如果已经长出来）。把比较长的豆角掰成两半，又宽又长的豆角斜切成5厘米左右的小段。洋葱剥皮后先切成两半，然后切细丁。

取一只配有锅盖的大号平底锅，倒入橄榄油加热，加洋葱丁煎炒，倒入番茄酱，加两汤勺水搅拌。放进四季豆，盖上锅盖焖煮5分钟左右。

最后把罐头中的西红柿连汤汁一起倒入锅中，再加盐、辣椒粉和小茴香调味，再次盖上锅盖，中火焖15分钟左右。

在此期间将欧芹或香菜洗净，揪下叶子并切碎，加到煮四季豆的锅里并搅拌一下，关火后盖上锅盖焖一会儿，再次加盐或胡椒调味，尝一下味道。

佩特罗的饭桌上当然还少不了一样东西：土豆！不管用煮土豆还是烤土豆来搭配都非常合适。

关于豆类：

荷包豆也是来自南美，虽然它吃起来味道不怎么样，但是外表却非常漂亮。它的枝条能长到五米高，花朵是鲜艳的红色，生长过程十分迅速。五月份把种子埋到地里，夏天就能收获荷包豆了。刚开始豆荚呈绿色，可以煎炒食用；之后豆荚会成熟干燥，变成棕色，可以取出里面的豆子煮着吃，或者把成熟的豆子留作种子，明年继续栽种。

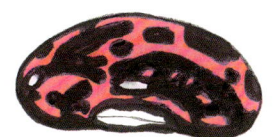

小心！
千万不要食用未煮熟的绿色豆荚。因为其中含有一种有毒的蛋白质，而煮熟后毒性会消失。

加香菜的味道好极了，和家里的味道一模一样。

与好朋友们一起做菜也是一种快乐，几乎和一起吃饭的乐趣一样多！如果举办的是披萨派对，每个人可以选择自己想要的口味，依纳最喜欢吃配马苏里拉白干酪、芝麻菜和西红柿的披萨。

披萨

1 个披萨的配料：
400 克高筋面粉（1050 号），另备少许干面粉备用
1 袋干酵母
1 小捏糖
4 汤勺植物油
1 茶勺盐
250 克成熟的西红柿
4 汤勺番茄酱
1 茶勺风干的意大利野菜
2 个马苏里拉奶酪球（每个 125 克）
50 克芝麻菜
磨好的胡椒粉

把面粉、干酵母和糖放进一个大碗中混合，加入200毫升温水，用力揉成面团，揉到面团不沾容器壁为止，最后加两汤勺植物油和盐揉捏均匀。把碗盖好，放在温暖的地方静置约30分钟，等到面团的体积涨到原来的两倍大。

弗兰克喜欢吃火腿披萨。　琳恩喜欢在披萨上放色拉米香肠。　小卡尔喜欢在披萨上放虾和菠菜。

在此期间洗净西红柿，先切成4块，去除尾部的硬蒂后再切成细条。这种切法需要用带锯齿的面包刀才能完成。然后把切好的西红柿和番茄酱、野菜和盐放在一起混合。

把烤箱调至220摄氏度（对流烤箱温度200摄氏度）预热，在烤盘上铺上烤箱纸，往工作台和两只手上撒一些干面粉。然后把面团取出来，用擀面杖擀压成大小可以放入烤箱的面饼，用沾有干面粉的手把面饼的边角抚平。

在面饼上抹上番茄酱。马苏里拉奶酪晾干，切成薄片，用手指碾碎后撒在面饼上，把烤盘放进烤箱底部烘烤约15分钟。

在此期间洗净芝麻菜，甩干水分，取出烤好的披萨饼，把芝麻菜放在饼上，淋上剩余的植物油，撒上胡椒粉。

你也可以用做披萨的面团制作烤面饼。过程和做披萨差不多，只是在面饼上撒上如迷迭香、脱水西红柿、坚果碎或橄榄等。烤熟之后洒点植物油，配上沙拉或烤肉一起吃特别美味。

你最喜欢的披萨是哪种呢？

佩特拉给利努斯尝她的蘑菇味披萨。

利努斯喜欢洋葱和鳀鱼披萨。

阿明的披萨上有四种不同的奶酪。

约纳斯喜欢吃带有帕尔玛奶酪、野菜和西红柿的披萨。

对于琳恩和托马斯来说，每天吃扭结面包都没问题，无论是甜的还是咸的都很喜欢。如果尼考又一次偷偷溜出家门，拿一个扭结面包作诱饵，它很快就会回家。

核桃仁扭结面包

8 个面包的配料：
200 克核桃仁
300 克高筋面粉（1050 号）
1 小捏盐
2 汤勺糖
半包泡打粉
200 克脱脂凝乳
1~2 汤勺柠檬汁
6 汤勺蜂蜜
8 汤勺甜味淡奶油

用搅拌器把一半核桃仁细细磨碎，剩余的磨粗一点。只需将其中一半打碎的时间长一点，另一半的时间短一点即可。

把磨得很细的核桃仁和面粉、盐、糖和泡打粉混合均匀，加入凝乳和植物油一起揉捏。如果面团比较干燥，可以再加点柠檬汁和水。

烤盘上铺烤箱纸，烤箱的温度调至200摄氏度（对流烤箱温度180摄氏度）预热，把较粗的碎核桃仁加蜂蜜和6汤勺甜味淡奶油，倒入一个小锅混合并加热。

在工作台上撒一些干面粉，把面团擀成40厘米长、20厘米宽的面饼，将混合了碎核桃仁的蜂蜜涂抹在面饼上，然后切成8个等宽的长条，每根长条像绳子一样旋转弯曲成扭捏面包的形状，平铺在烤箱纸上。剩下的1~2勺甜味淡奶油涂抹到扭结面包上，将烤盘推入烤箱中部烘烤约15分钟，直到扭结面包烤成棕黄色。

不用搅拌器制作坚果碎的办法请参见第134页。

咸味扭结面包

制作面团的方法与上一页的核桃仁扭结面包相同，不一样的是把配料中的糖换成盐，蜂蜜换成奶酪碎屑。粗磨的那一半核桃碎和奶酪屑混合。擀好面饼后，在面饼上涂一层鸡蛋液，能更强地吸附住坚果碎和奶酪。

把坚果碎和奶酪屑均匀地撒在扭结面包上。

8 个面包的配料：
200 克核桃仁
300 克高筋面粉（1050 号）
1 小捏盐
6 汤勺植物油
半包泡打粉
200 克脱脂凝乳
1~2 汤勺柠檬汁
6 汤勺奶酪屑
6 汤勺甜味淡奶油
1 个鸡蛋

扭结面包是这样做出来的

可以用其他坚果来代替核桃仁，比如榛子、杏仁、南瓜籽、葵花籽或芝麻也可以！

秋天，刚收获的核桃外面还有厚厚的绿色或深色外壳包裹，必须把这层外壳去掉并晒干后才能储存起来，不然有可能会发霉。请注意：如果用手接触了这层外壳，手上会染上黄颜色，非常难洗掉。

等到天气已经转冷，天黑时间也变早，加布里尔就会改装冰车，开始售卖热板栗。烤熟的栗子散发出浓郁的香气，让人觉得从外面暖到心里。如果到晚上的时候还没有全部卖完，加布里尔会用它们制作新鲜的烤松饼。

板栗松饼

12 个松饼的配料：
150 克新鲜板栗或 100 克煮熟去壳的板栗仁
180 克高筋面粉
2 汤勺泡打粉
1 小捏盐
2 茶勺可可粉（脱脂）
140 克糖
100 克软黄油
2 个鸡蛋
120 毫升橙汁
50 克巧克力碎

　　烤箱调至200摄氏度（对流烤箱温度180摄氏度）预热。如果板栗外层带刺的壳还在，请先将其去除，最好带上厚厚的手套保护手指。

　　栗子洗净，用一把锋利的刀子在拱背上划一个十字开口。将所有栗子散放在烤盘上，放进烤箱最底部一层，烘烤约25分钟，直到栗子烤熟，外壳炸开。在此期间不时用木签翻动一下栗子。

　　从烤箱中取出已经烤好的栗子，放在一边先晾一下再剥壳，不然会烫伤手指。烤箱保持通电状态。

　　晾栗子的同时给烤盘的模具上刷一些黄油，或者把硅胶模具放在烤盘上也可以。

　　把面粉、泡打粉、盐和可可粉放到一个大碗中混合。另找一个碗，放入糖和黄油混合搅拌成糊状，然后再加入鸡蛋和橙汁搅拌。

把栗子和巧克力粗略地切成小块。

将面粉、泡打粉、可可粉和碎栗子及巧克力一起放入另一个盛放液体的碗中，快速地搅拌成面团。把和好的面团填塞到烤松饼的模具中，把烤盘推进温度200摄氏度的烤箱中层，烘烤20~25分钟。等松饼烤好后，取出烤盘，放在一旁冷却。

喜欢吃糖的人还可以在松饼上再撒上一层糖粉。

给栗子切口时要小心！最好先把栗子放在菜板上，再拿刀子在上面割出开口。

利努斯和奥利弗有时候会在花园里用一个旧烤盘烤栗子。唐娅则更喜欢在厨房里找个锅加点水煮栗子，煮熟需要差不多15分钟。

天气变冷的时候，一杯热茶非常有好处。每个人都可以按照自己的口味选择配料，搭配出自己喜欢的茶。玛莎喜欢喝花草茶，而苏珊娜的最爱是苹果茶，因为它喝起来口感极佳，还可以帮助睡眠。

自制茶饮

苹果茶

1 升苹果茶的配料：
1 把新鲜的苹果皮（或者一半数量的干苹果皮）
1 块生姜
1 升水
1~2 茶勺蜂蜜、糖或者苹果浓缩汁

把苹果皮和生姜一起放进锅中，加水煮开后关火，静置15分钟。将煮好的茶用筛子过滤，倒入一个大茶壶中，加入蜂蜜、糖或苹果浓缩汁调味即可。

新鲜的花草茶

把采集到的新鲜花草洗净，放进大茶壶中，用煮沸的开水冲泡，静置5~10分钟，最后用筛子过滤，将茶水倒进茶杯中。如果是晒干的花草，冲泡后静置5分钟即可。

1 升花草茶的配料：
1 把新鲜的花草或 2~3 汤勺晒干的花草（比如柠檬香蜂草、胡椒薄荷、鼠尾草、甘菊、树莓叶）
1 升水

哪怕是已经皱缩的苹果皮或是熟透掉落的苹果，煮成苹果茶依然有化平凡为神奇的功效。常喝热茶可以帮我们抵抗一些小问题引发的病痛烦扰。
大家也可以把苹果皮晒干后装进袋子保存，这样就可以在天冷的时候随时拿出来煮茶了。

为了做调料和泡茶，我从修道院的花园里摘了很多花草并晒干保存。先将它们一小把一小把地绑起来，平铺在厨房吸水纸上，然后放在温暖通风的地方风干。大概一个星期之后，这些花草就完全风干了，我会把它们装进漂亮的铁盒子里，这是为冬季时光提前储备的美好礼物。

如果喜欢喝甜味的茶，可以在茶里泡一段欧亚甘草的根、一片新鲜或晒干的甜菊叶。还有甘草制成的甘草切片，泡茶也会有甜味，在药店或绿色食品商店都能买到，网上也能订购到。

阿明和佩特拉的共同爱好不仅仅只有阅读，两人还都非常喜欢吃糕点。

佩特拉在书店发现了一本介绍怎么做面包蛋糕的食谱，马上根据上面的内容进行了试验。现在柜子里总有糕点可以吃，它们在玻璃瓶里可以保存一个季度，一直都很新鲜。

玻璃瓶中的面包蛋糕

把小面包切片，牛奶和蜂蜜、鸡蛋、肉桂放在一起用打蛋器搅拌，直到蜂蜜已经溶解并混合均匀。将一半的混合物滴落到切好的面包片上。

李子洗干净，去掉果核，切成4块。敲开核桃，取出里面的果仁，粗略地切成坚果碎。将烤箱的温度调至200摄氏度（对流烤箱温度180摄氏度）预热。

玻璃瓶里面刷黄油，然后一层面包片一层李子地交叠摆放。摆到半满就可以，因为在烘烤的过程中瓶中的东西还将占用更多的空间。

4 瓶（每瓶 300 毫升）蛋糕的配料：
2 个小面包（或 60 克面包片或法棍）
150~250 毫升牛奶
2 汤勺蜂蜜
2 个鸡蛋
1 茶勺锡兰肉桂
200 克李子
8 个核桃
4 茶勺软黄油

最后将剩下的鸡蛋牛奶混合物浇在上面，把面包几乎全部遮盖住，再撒上之前切碎的核桃仁。

把玻璃瓶放进预热好的烤箱中层烘烤约20分钟，还剩10分钟的时候把玻璃瓶的盖子放进烤箱一起加热。

现在盖子也已经烤热并烫手了。下面这个步骤要由一个成年人完成：把烫热的玻璃瓶和瓶盖从烤箱中拿出来，并迅速用盖子把玻璃瓶封好。这样蛋糕就像罐头食品一样经过消毒被密封保存了。封盖的时候最好带一双隔热手套，因为刚从烤箱里拿出来的玻璃瓶和盖子真的非常烫！

这样的瓶装糕点也可以作为一份美丽的小礼物，如果被邀请吃饭，可以带一个过去。

把瓶盖用漂亮的包装纸装饰一下，瓶口扎一条彩带，最后再贴上自己亲手画的标签。这是一份全程手工制作的心意。

如果面包已经放得有点久了，变得很干，那我们就需要更多牛奶！面包蛋糕中放的水果不同，口味也会不一样，可以加入的水果有很多种：苹果、梨子、橙子、大黄、米拉别里李子、香蕉、菠萝或芒果。混合鸡蛋牛奶时还可以加入可可粉或巧克力碎，如果没有蜂蜜也可以用糖来代替。

秋天来临，花园里总有很多工作！所有人都过来帮忙，安德里亚会给大家一块蛋糕作为劳动的犒赏。琳恩已经知道怎样做披萨，可以帮助安德里亚揉发酵面团。她在和面的时候就已经期待吃到做好后的奶油李子蛋糕了。

水果蛋糕

1 个蛋糕的配料：
400 克高筋面粉（1050 号），另加少许干面粉备用
1 包干酵母
1 小撮盐
50 克糖
100 克黄油
约 200 毫升牛奶
1 千克李子或苹果
肉桂糖，最后撒在蛋糕上

把面粉、干酵母、盐和糖放在一个大碗里混合。黄油放进一只小锅，小心地加热融化，然后把锅端下来，加入牛奶，最后倒进大碗里，把所有东西混合成面团，反复用力揉捏，直到面团不沾容器壁为止。碗口用盖子掩好，放在温暖的环境中静置35~40分钟，直到面团的体积涨到最初时两倍那么大。

等待面团发酵的过程中把水果洗净，李子切成两半，取出里面的果核；如果用苹果可以先切成4块，去掉果核和叶柄，再把每个苹果块切成3~4个薄片。

把烤箱温度调至200摄氏度（对流烤箱温度180摄氏度）预热，给烤盘铺上烤箱纸，往工作台和手上都撒上一些面粉。再次仔细地揉一下面团，然后用擀面杖擀成适合烤盘大小的面饼，放在铺好烤箱纸的烤盘上，用沾着干面粉的手抚平面饼的边角。然后像给屋顶砌瓦片一样把水果铺在面饼上。放的水果越多，蛋糕吃起来越爽口多汁。最后把烤盘放进烤箱中层烘烤约25分钟。

烤好之后把蛋糕取出来，将肉桂糖和普通砂糖混合，撒到新鲜出炉的蛋糕上。如果用的是酸味的水果，需要用到的糖会多一些；如果是甜味的水果，需要的糖会少一点。最好再加些打发的奶油，口味好极了！

小心！如果甜味奶油打发的时间过长，搅拌器里会出现黄油。请参见第135页，怎样自制黄油。

打发奶油的时候要保证奶油、搅拌器和容器保持低温，最好打发之前都放进冰箱里冷冻一下。等奶油打发到开始有些固化的时候，可以加入一些砂糖或香草糖，然后继续搅拌。

关于怎样自制香草糖，请参见第135页。

自孩提时起,苏珊娜就特别喜欢吃加糖和肉桂的麦糁粥,直到今天她也喜欢这么吃。尤其是当她又弄丢帽子或感到非常忧伤的时候,一杯麦糁粥和苹果慕斯总是能让人心情变好。

麦糁粥

4 人份的配料:
800 毫升牛奶
100 克全麦麦糁
30 克糖
1 小捏盐

取一只小锅把牛奶煮开,把麦糁放进里面搅拌,等牛奶再次煮开,先让它短暂地沸腾一会儿,然后调到小火,边加热边搅拌3~5分钟。注意,不要糊锅!加入糖和盐,继续搅拌。

煮好麦糁粥后还可以根据自己的口味加一个鸡蛋或一小撮香草或肉桂。喜欢吃巧克力的还可以加一点巧克力碎或1汤勺可可粉,也可以都放。注意要在加麦糁之前加到锅里,让它们在热牛奶中溶化。凉的麦糁粥配搅打奶油、糖渍水果或水果沙拉也是一道出色的饭后甜点。

非常适合与114页的苹果慕斯搭配食用。

波伦塔玉米糁粥

锅中倒入牛奶和蔬菜汤,把波伦塔玉米糁缓缓倒入锅中,慢慢搅拌,小火加热约5分钟煮熟。

加入50克奶酪碎屑和黄油,煮好的波伦塔玉米糁粥有点像土豆泥,但仍能呈现出流动的液态。最后再把剩余的帕尔玛干奶酪碎屑撒在上面。

4 人份的配料:
250 毫升牛奶
750 毫升蔬菜汤
250 克波伦塔玉米糁
60 克帕尔玛干酪碎屑
25 克黄油

煎波伦塔玉米糁饼

意大利人非常喜欢煎波伦塔玉米糁饼吃,也就是说做玉米糁粥时不放牛奶,而是把做好的玉米糁粥放在烤盘上抹平。粥冷却后会固化,把它切成长条,放入平底锅里用油煎烤,两面都煎得焦黄松脆。

可以搭配黄油煎的鼠尾草叶、煎鸡蛋、番茄酱或沙拉一起吃。

如果没有帕尔玛干酪可以用新鲜的野菜奶酪来代替,味道也非常棒!
糁如同面粉一样,是通过磨碎谷物得到的食材,不过不像面粉磨得那么细,小麦、小米、燕麦或斯佩耳特小麦都可以磨成糁,而磨碎玉米粒得到的玉米糁则称为波伦塔。

冬 天

樱桃树在梦中睡得深沉,
雪花为它盖上一层棉衣,
鸟巢倾斜着挂在枝间,
一年的时光即将划上句点。

尼古拉斯在城市里来回穿梭,
百货商店里的购物大军人头攒动。
火车站上的自动售票机偏巧罢工,
那里没有圣诞天使在工作。

到底要做烤肉还是吃鱼?
节日大餐引发了激烈的争议,
吵来吵去竟将过节的初衷抛在一旁,
最后还是一家和乐地聚在饭桌旁。

窗外的雪花缓慢飘落,
圣诞树装点得五光十色。
饭后有好喝的茶和潘趣酒,
连小狗也得到了最爱的肉骨头。

如果熬汤时用到的都是蔬菜丁或调料粉末,放盐的时候一定要小心!做烩饭时最好多放一点水,因为盐很容易放多,味道有可能会太咸。如果用的是自己煮的蔬菜汤,可以在做好之后再加盐调味。

意式烩饭同意大利面一样，有多种做法。例如，秋天可以加入南瓜或者蘑菇，夏天加入番茄，春天则是野菜。而到了冬天，伊尔玛和小卡尔最喜欢在烩饭中加葱，即便在很冷的天气里，伊尔玛的菜园里也总会有葱。

意式烩饭

去掉葱的须根和黄叶，剥去最外面的一层叶子，再切去最末端的根部即可。先切成葱段，仔细清洗干净后切成薄片。

把蔬菜浓汤煮开。将油倒入大锅中加热，再加入火腿丁或者碎核桃仁，和米饭一同轻微焖炒。接着加入切好的葱花，一起焖2分钟左右。

将100毫升蔬菜浓汤倒入锅中，煮至浓稠。继续加入200毫升菜汤，掀开锅盖文火煮约10分钟，直到大米吸收所有汤汁即可。期间不要忘了搅拌！再慢慢加入蔬菜浓汤，直至全部倒完为止。

煮至成为浓稠的粥状时，意式烩饭就做好了。然后加入斯美塔那酸奶油，再将肉豆蔻磨碎后同胡椒、土耳其传统辣椒粉一起加入饭中调味，撒上干酪碎屑后即可上桌。

4 人份的配料：
2 棵葱
700 毫升蔬菜浓汤
2 汤勺菜籽油
50 克火腿丁或是切碎的核桃仁
200 克意式烩饭大米或牛奶甜米
2 汤勺斯美塔那酸奶油
肉豆蔻，胡椒
1 汤勺土耳其传统辣椒粉
50 克奶酪碎屑，例如帕尔玛干酪

自制蔬菜浓汤的做法
请参见第134页。

琳恩喜欢童话故事《莴苣姑娘》，不仅因为她有一条像童话里一样漂亮的长辫子，还因为她喜欢吃莴苣这种即使冬天也能在野外生长的蔬菜。此外莴苣还有许多好听的名字，这些名字都是根据它的种植地而来的，如野莴苣、山莴苣、羊莴苣、羊生菜等。

莴苣沙拉配欧防风和油炸面包丁

4 人份的配料：
200 克莴苣
200 克欧防风，胡萝卜或是洋姜
3 汤勺苹果汁
1 汤勺黄芥末
3 汤勺菜籽油
1~2 汤勺醋、盐、胡椒
1~2 片干面包
1~2 汤勺黄油或油

　　莴苣仔细洗净，洗掉泥土和沙子，洗完后沥干水分，去除枯叶，掐掉细小的须根。

　　把欧防风洗净，用削皮刀去皮，用刨片器或擦丝器擦成薄片或细丝，加入苹果汁拌匀。

　　用黄芥末、油、醋、盐和胡椒调成沙拉酱汁，拌入欧防风中。

　　面包切成小粒，在小煎锅中放入黄油加热，倒入切好的面包粒煎至焦黄酥脆。这种做法做出的面包粒就叫油炸面包丁。

　　莴苣和欧防风同沙拉酱汁一起搅拌后，盛入碗中，撒上油炸面包丁即可。

莴苣沙拉中放入烤好的碎核仁也很好吃，加入或者不加油炸面包丁都可以，或者也可以加入煎炸酥脆的早餐肉细丁。

什锦烤蔬菜片

将洋姜、欧防风和红甜菜洗净削皮，用刨刀刨成蔬菜薄片。

烤箱调至220摄氏度（或者对流烤箱温度200摄氏度）预热。在两个烤盘上铺烤箱纸，并刷上油。

把切好的蔬菜薄片铺在烤盘上。注意蔬菜片不要叠放在一起。在预热好的烤箱中层烘烤10~15分钟。烤好的蔬菜片根据喜好加盐，稍微冷却。

4 人份的配料：
150 克洋姜
150 克欧防风
150 克红甜菜
1~2 汤勺油
盐

也可以用欧芹根、胡萝卜、土豆或是南瓜做成这样脆脆的烤蔬菜片。用甜

辣味的辣椒粉、咖喱粉或是超级辣的小红辣椒粉调味，或者用香草盐替代普通盐。

如果你的手被红甜菜染成了紫色，要用挤过汁的柠檬擦洗，这样手就又干净如初了。

欧防风根茎和植株　　　洋姜植株和块茎

莴笋一定要特别仔细地洗干净！关于怎样甩干莴笋上的水，请参见第131页。

唐娅和利努斯做扁豆汤时总是习惯多做一些，中午匆忙回家又要赶着出门的时候，把剩下的汤热一下就是一顿饭。利努斯很快就出门和佩特拉一起去滑雪橇。

小香肠扁豆汤

4 人份配料：
1 把下锅菜（芹菜、胡萝卜、葱、香菜）
1 个洋葱
2 汤勺油
1 汤勺咖喱粉
1 汤勺番茄酱
150 克小扁豆
200 克古巴香肠
盐，胡椒少许
2 汤勺意大利香醋

把即将下锅的蔬菜仔细洗净。芹菜段、胡萝卜和洋葱去皮，擦净并切成方块。大葱去掉根部和黄叶后再洗一遍。先切成葱段，再切成薄片。香菜叶摘净，切碎，放置一旁备用。

将油倒入锅中加热，咖喱、番茄酱和蔬菜稍稍翻炒，边炒边搅拌。当一切准备好了以后，倒入800毫升水，加入小扁豆煮开。盖锅小火焖煮约20分钟。

在此期间把古巴香肠切成薄片加入锅中，放入盐、胡椒调味，继续文火煮5~10分钟。当汤变得浓稠后，再加200毫升水。最后用意大利香醋、香菜、盐和胡椒调味。

没有水的"听雨筒"

在卷筒外部从上到下用钉子扎满小孔。把卷筒一端密封好,倒入扁豆。现在封好卷筒的另一端,用一张漂亮的纸粘裹在筒身上,或是在纸上涂鸦。当你转动这个卷筒的时候,它就会发出雨点落下般的声音了。

用料:
1个长纸筒
1把扁豆
锤子、钉子、胶水、彩纸、彩笔

扁豆有许多种类和颜色:红色、黑色、黄色、绿色和棕色。一些很快就能煮熟,另一些则需要较长时间。但前提是,必须最后放盐和醋,不然豆子会一直硬硬的。这也同样适用于所有其他的已经风干的豆类食物,比如干燥的豌豆和菜豆。但是这些豆子如果用来做菜的话,必须先在水中泡上一整晚。

孩子们都喜欢吃面条。伊尔玛家菜园中的奶油小萝卜长大了,厨房里还有口味温和的咖喱粉和美味面条菜谱,像桑托什一样都是来自印度。最后做出来的面条非常美味,西尔维娅甚至想照着这个菜谱换别的蔬菜试做一下。

4人份配料:
盐、胡椒
200克意大利面(例如:三角面、贝壳面等)
800克小萝卜
1把香菜
2汤勺菜籽油
3~4汤勺芝麻
1~2汤勺中辣咖喱粉
1~2汤勺柠檬汁
150毫升甜味淡奶油

咖喱小萝卜煮意大利面

往大锅中倒入3升水和2汤勺盐煮沸,放入意大利面,烧开后转小火继续煮12~15分钟(或者按照面条的包装说明来煮)。意面煮熟后,倒掉面条汤,把面放在漏勺里或筛子上滤干水分。

煮面期间把小萝卜洗净、削皮,用一把大菜刀在砧板上切成约1厘米见方的小方块。

香菜也同样洗净,甩去菜叶上的水分,把菜叶从梗上摘下来,用弯形厨刀或尖刀切碎。

平底锅中倒油并加热,把芝麻同咖喱粉一起倒入翻炒。之后加入小萝卜丁继续炒。加入大量盐、胡椒和柠檬汁调味,盖上锅盖焖大约10分钟。如果需要还可以再倒入一些煮面的汤。

小萝卜炒熟之后倒入甜味淡奶油，和所有东西一起重新煮开。把沥干水分的意大利面搅入锅中，加入切好的香菜调味。

这份食谱中的蔬菜如果换成胡萝卜、北海道南瓜、欧防风、芜菁甘蓝或是甘薯也一样好吃。不用芝麻，也可以放一些其他的坚果或果仁。

南瓜子也可以替代芝麻！

我最喜欢吃带有葵花籽的了！

我最喜欢杏仁！

我更喜欢核桃！

当第一场雪飘落的时候，汤姆总会泛起对家乡美国的思念之情。他想给苏珊娜做一道美式烤仔鸡作为圣诞晚餐，里面会加入美洲山核桃、甘薯和蔓越莓。幸运的是，市场上的果蔬店里刚好都有这些东西。

烤仔鸡配甘薯泥

4 人份配料：
1 只仔鸡（加工好的，大约 1 千克）
盐、胡椒
磨碎的肉豆蔻
多香果粉末
1 个洋葱
1 个大苹果
大约 6 个美洲山核桃或核桃仁
大约 6 个杏干或 12 颗蔓越莓
600 克甘薯
2 汤勺黄油

如果仔鸡的内脏还在腹中，先把内脏去除干净。接下来把鸡洗净，并用厨房吸水纸擦干。取一个汤碗，将盐、胡椒、肉豆蔻和多香果搅拌均匀，再把这些调料从里到外涂在仔鸡上。

洋葱削皮，切成两半，剁成大块。苹果洗净，切成两半，去核，再切成薄片，接着把每个薄片切成两半。核桃仁切碎，杏干切成两半，把切好的这些混合在一起，加入一些刚才拌好的调料调味，并把这些配料塞入仔鸡中。用烤肉小木钉把开口封起来。

把烤箱调至180摄氏度（或对流烤箱温度160摄氏度）预热。鸡胸朝下，用耐高温的模具盛着放入烤箱。先在烤箱中层烤70分钟，大约30分钟后翻转一下。翻转的时候小心被烫到！可以请成年人来帮助！

等待仔鸡烤熟的时候，把甘薯洗净去皮，切成大块，加盐后放入少量水中煮20~25分钟。如果有必要，可以再加些水。待甘薯煮熟后，让一位成年人用搅拌棒将甘薯打碎成泥，加入黄油、盐、胡椒和肉豆蔻调味。

仔鸡烤熟后，把鸡腹中填进去的配料用勺子挖出盛在盆中，同土豆泥和烤肉一起装盘上桌。

甘薯是一种植物的根部块茎，也被叫作番薯或地瓜。它的植株如藤蔓，可以向上攀爬，其原产地为中美洲地区，跟我们普通的马铃薯（土豆）没有亲缘关联。

像胡萝卜和南瓜等蔬菜一样，甘薯也可以用搅拌器打碎成甘薯泥。如果是普通的土豆，要做成土豆泥就只能捣碎，或者用研磨器压碎，不然就会变得像浆糊一样黏，一点儿也不好吃了。

自制浆糊

土豆中含有大量淀粉，可以用来制作浆糊。首先你需要削去土豆皮，并把土豆擦丝，这个过程中要在下面放一个滤网，收集好过滤出的土豆汁。最后把土豆汁放在锅中加热使其黏稠，这样浆糊就做好了！拿来粘东西非常好用。

汤姆做饭的时候一直在偷吃，圣诞夜的烤鸡已经所剩不多了。苏珊娜第二天用剩下的东西做了道美味的汤羹。在雪中散个长长的步，回到家之后再来享用，会觉得这道汤格外好喝。

鸡杂汤

把鸡骨头、鸡脖子、鸡心、鸡胗、蔬菜和月桂放入1升水中煮1个小时。捞出鸡骨头、鸡脖子和月桂，把锅里其余的东西搅拌成糊状。接着加入鸡肝，煮大约5分钟至熟透。把鸡脖上的肉剔下来同样放入锅中。然后在汤中加入调料和一点斯美塔那酸奶油调味。

配料：
烤鸡的鸡架
鸡脖子
鸡杂
清洗并摘干净的下锅蔬菜
2个削皮的土豆
1片月桂叶
盐、胡椒
斯美塔那酸奶油

鸡杂通常会和鸡脖一起放在鸡腹腔里打包出售。你可以把一个洋葱切碎，同鸡杂一起放在黄油中煎一下，加盐和胡椒，涂在面包片上吃。

湖面终于结冰啦！依纳和乔纳斯可以在湖上滑冰了。他们带上了一个装满潘趣酒的大暖壶，这样与利努斯和佩特拉一起喝也够了，他俩带着雪橇马上就来。琳恩和托马斯则在家里一边制作圣诞节手工香氛盏，一边舒适地喝着潘趣酒。

儿童潘趣酒

将路易波士茶、丁香、肉桂和甘草沏上热水，放置5分钟待茶叶沉淀。

等待的同时把果汁加热。将柠檬洗净，切成薄片放入果汁里一起加热。

现在把茶通过滤网倒入果汁中，最后加入蜂蜜或橙子味砂糖。

4 人份配料：

1 汤勺（或 1 茶包）路易波士茶
1 段丁香
1 段肉桂（锡兰肉桂）
1 小块甘草
3/4 升烧开的热水
1/4 升苹果汁
1 个鲜柠檬

香氛盏用料：
玻璃碗

橙子、柠檬、丁香、肉桂棒、八角茴香、红浆果、小蜡烛

丁香橙子

装满香料的玻璃碗

丁香小桔灯

弗莱德和卡洛斯最爱吃的菜都是煎肉排！不过卡洛斯喜欢吃煎酥的肉排，而弗莱德则喜欢肉排浇上酱汁。这样一道奶油煎肉排准备起来十分简单快捷。

奶油煎肉排

4 人份配料：
400 克猪肉肉排或是小牛肉肉排
盐、胡椒
辣椒粉，微辣
1~2 汤勺面粉
2 汤勺黄油
100 毫升甜味淡奶油
酱油

用肉锤的平面一端或一口带柄的小锅把肉排敲平，然后把大肉排分切成小块的肉排，撒上少量盐、胡椒和辣椒粉调味，再在肉排的两面都沾上面粉。

把黄油放入带盖的大平底锅中加热。小块肉排放入锅中，每面煎大概两分钟。

接下来放入奶油，盖上锅盖小火焖3~4分钟。最后倒入少量水，用酱油调味即可。

奶油煎肉排可以搭配所有需要淋上酱汁来吃的食物，如意大利面、米饭、咸土豆或土豆泥。

烤土豆的菜谱参见第73页，土豆沙拉参见第50页，土豆羹参见第56页，咸土豆参见第133页。

酥脆煎鸡排

鸡胸肉有点太厚了，最好用肉锤平的那一面或是用一口带柄的小锅把它锤平，并切成小块。鸡排的两面都撒上盐和胡椒，沾上面粉后并排平铺在案板上。

鸡蛋打在一个汤盘里，加入牛奶搅打均匀——一个小鸡蛋加一汤勺牛奶。再拿一个汤盘，加入2汤勺面包屑。

用一个叉子叉着小块的肉排，先在鸡蛋液里蘸一下，稍微沥干后再放入盛有面包屑的盘子中。往鸡排上撒剩余的面包屑，然后将鸡排翻面，确保两面的面包屑都比较牢固地粘在了鸡肉上。取一口大的不粘锅，倒油加热，倒入的油要保证能铺满锅底。然后放入处理好的鸡排，每一面用中火煎4~5分钟至金黄即可。

4 人份配料：
300 克鸡胸肉
盐、胡椒
3~4 汤勺面粉
1 个鸡蛋
1~2 汤勺牛奶
6 汤勺面包屑
植物油，用于煎肉排

如果鸡蛋液还有剩余，就放入锅中煎一下吧！配面包超级好吃哟。

曼弗雷德很健忘，他有时甚至会忘记时间。如果又来不及去购物了，他总能幸运地在冰箱里找到足以做他最爱吃的食物的所有食材。食谱是从他奶奶那里学来的，奶奶在他还是小孩子的时候就已经教会了他如何制作牛奶甜饭。

牛奶甜饭加肉桂糖

4 人份配料：
200 克甜饭专用大米
500 毫升牛奶
1 小撮盐
1 根香草荚
100 毫升甜味淡奶油
3 汤勺糖
1 茶勺锡兰肉桂

大米加200毫升水放入锅中烧开。接着倒入牛奶，再加入一小撮盐和香草荚调味，再次烧开后转成小火，盖上锅盖煮20分钟左右，直到把大米煮软为止。然后再边搅拌边煮5分钟。

等大米把锅里的汤汁差不多吸收后，加入奶油和1汤勺糖搅拌均匀。把锅从炉灶上撤下来，静置10分钟。

挑出锅中的香草荚扔掉，将米倒入碗中，撒上肉桂糖。不管是冷着还是热着都好吃，最好配着蜜饯一起吃。

牛奶甜饭中加入些焦糖杏仁也很好吃，焦糖杏仁的制作方法参见第115页。

112

烤苹果加混合麦片

烤箱调至190摄氏度（对流烤箱温度170摄氏度）预热。苹果仔细洗净，用去核器去掉果核。把混合麦片倒入小碗中，拌入醋栗果酱和肉桂。

把苹果依次放进模具中，然后往苹果中填满拌好的混合麦片，推入已经预热好的烤箱中层，烘烤大约35分钟。稍微冷却一下即可食用。

4 人份配料：
4 个小苹果
4 汤勺坚果混合麦片（可以选择燕麦麦片，加切碎的坚果或是杏仁）
4 汤勺醋栗果酱（或其他水果的果酱，最好不要太甜）
1/2 茶勺锡兰肉桂

有时在乡下还可以找到非常棒的古老的或是稀有的苹果种类：

我们的公寓里每到基督降临节就飘满了烤苹果的香味。我最喜欢用地窖里那些已经略微干瘪的苹果来烤，剩下的利努斯和琳恩会做成苹果慕斯。

莱茵特菠萝苹果　　　　树莓苹果

莱茵特金苹果　　　　新伯尔尼玫瑰苹果

自制苹果慕斯非常简单，做法见下一页。

这样一道烤苹果加混合麦片，在微波炉里用450瓦加热5分钟就做好了。但是要注意，不要让它在微波炉里炸开！

琳恩和利努斯是制作苹果慕斯的好手。今天他们先做一些，准备作为明天乔纳斯华夫饼生日派对上的礼物。他们把苹果慕斯装在有旋塞的玻璃瓶中，玻璃瓶外画上漂亮的标签。真是漂亮的礼物啊！

苹果慕斯

4 人份配料：
800 克苹果
1 段肉桂（锡兰肉桂）
1 杯苹果汁

苹果洗净，连同果皮果核一起粗略地切成几大块，然后和肉桂一起放入锅中，再加苹果汁和一杯水。所有东西煮开之后盖上锅盖接着煮30分钟左右，直至苹果变软。根据苹果种类不同，变软所需时间也略有不同。期间不要忘了一直搅拌，并且观察锅中的汤汁是否足够。如果汤汁变少，可以再加水进去。

当苹果变得非常熟软之后，捞出肉桂。把苹果用食物研磨器磨碎或用一个筛子将其挤压成泥状。

苹果慕斯可以做成一道美味的甜点，叫作苹果慕雪。用手动搅拌器做出一杯打发的奶油，小心地放在下面托起冷的苹果慕斯。装入一人份的小碗中，撒上杏仁碎用作装饰。

焦糖杏仁

将烤箱调至150摄氏度（对流烤箱温度130摄氏度）预热。取一口锅，倒入黄油后加热使其融化，加入蜂蜜和盐搅拌，直至所有材料都融化。然后加入杏仁搅拌，直至所有杏仁都沾上足够多的汁液，就可以把锅从火上拿开了。

在烤盘上铺一层铝箔纸，然后刷一层油。将杏仁分散地放在铝箔上，然后把烤盘推进烤箱，烘烤约20分钟，直到杏仁表面呈现轻微的焦黄色，期间用木铲翻转一次。烤好之后打开烤箱，将杏仁连同铝箔纸一起从烤盘移到冷却架上，使之自然冷却。

最好将烤好的杏仁装在密封性能较好的罐子里保存，这样杏仁能长时间保持酥脆的口感。

当然你也可以用其他坚果来代替杏仁，调料中加入一小截肉桂，会让杏仁尝起来很有圣诞节的感觉。

10人份配料：
2 汤勺黄油
3 汤勺蜂蜜
1 小撮盐
200 克完整的带皮杏仁
1 茶勺植物油

蜂蜜加热后会很烫，因此你在取出烤好的杏仁之前，一定要确保杏仁已经冷却。

爆米花

取一口深而宽的带盖煎锅，往锅中倒入植物油加热。将玉米粒倒入锅中，盖上锅盖。

过一会儿你就可以听见玉米粒在锅中爆裂的声音。这时无论如何不要掀开盖子，不然爆米花就要飞到地上了。做爆米花期间要不时地摇晃一下煎锅。

等到爆裂的声音停止，爆米花就爆好了。现在只需要把爆米花倒入碗中，再撒上一点糖粉。

10人份配料：
1 汤勺植物油
100 克做爆米花用的玉米粒
糖粉

你也可以用盐代替糖粉撒在爆米花上。

乔纳斯今天过生日,他收到了一个华夫饼饼铛。下午琳恩、依纳、利努斯、彼得和史特卢比就要来参加他的华夫饼派对了。乔纳斯差不多已经背会了做华夫饼的方法,因为他经常自己做来吃。

苹果味坚果华夫饼

7~8 人份配料:
100 克软黄油
3~4 汤勺蜂蜜
2 个鸡蛋
1 小撮泡打粉
盐
200 克高筋面粉
100 克磨碎的榛子或是核桃仁
约 200 毫升苹果汁
1 个苹果
刷在饼铛上的油
撒在华夫饼上的糖粉

将黄油和蜂蜜混合搅打成泡沫状,加入鸡蛋搅拌。将泡打粉、盐、面粉和坚果碎混合。

混合好的面粉连同苹果汁一起加入拌好的黄油蛋液中,搅拌均匀。面团需要发酵10分钟左右,等待面团发酵的同时,将苹果洗好,连皮一起在大孔的擦丝器上刨丝,直到只剩下苹果核。把擦好的苹果丝拌入面团中,让面团变成浓稠的糊状——有需要还可以再加一些苹果汁。

将华夫饼饼铛预热,饼铛里面刷上一层油。接着按照所需用量挖出3~4汤勺面糊放在饼铛中间,慢慢地盖上盖子,同时用力下压。3~5分钟过后,华夫饼就会烤成金黄色。这时从锅中取出烤熟的华夫饼,撒上糖粉。然后继续制作下一个华夫饼,直到用完所有面团为止。

酸橙味华夫饼

打两个鸡蛋,把蛋清和蛋黄分离。将蛋黄同蜂蜜和黄油一起搅打至泡沫状。加入凝乳和一撮盐搅拌。

橙子洗净,用擦丝器擦掉表面的橙子皮,挤出橙汁。量出150毫升橙汁,将橙汁和擦好的橙皮丝与燕麦片交替分几次慢慢加入混合好的蛋液中搅拌。

面团放置发酵约10分钟。等待期间,将蛋白打发成白雪状,小心地拌入面团中。华夫饼饼铛预热,并刷上薄薄的一层油。每次舀3~4勺面团放在饼铛中间,加热3~5分钟即可。将华夫饼铲出,撒上糖粉。

如何分离蛋清和蛋黄,请参见第130页。

5人份配料:
2个鸡蛋
3汤勺蜂蜜
50克软黄油
100克低脂凝乳
盐
2个鲜橙子
150克磨细的燕麦麦片
刷在饼铛上的油
撒在华夫饼上的糖粉

你也可以用其他果汁,例如百香果汁,也可以用牛奶或是酸奶,还可以用香草糖来替代蜂蜜。琳恩最喜欢吃加有鲜奶油的华夫饼,依纳喜欢加凝乳(做法见32页),彼得喜欢加肉桂和糖,我则喜欢加我最爱的果酱。

如果华夫饼还有剩余,你可以把它放在烤面包机里回炉烤一下。

伊冯站在演奏会的舞台上表演时总会有些怯场。这个时候,来一份香蕉面包作为加餐会让她感觉好很多。它可以帮助镇定情绪,让人心情愉悦。这样一个香蕉面包不管冷着吃还是热着吃都很合适,还能保鲜一个星期。

香蕉面包

1 大块长面包的配料:
(大约 19 片)
300 克高筋面粉(1050 号)
2 汤勺泡打粉(约 15 克)
2 汤可可粉(黑可可)
1/2 茶勺盐
肉豆蔻
150 克核桃仁
500 克成熟的香蕉
约 1 克香草
140 克黄油或人造黄油
125 克蔗糖
1 个鸡蛋

将面粉同泡打粉、可可粉、盐和一撮肉豆蔻粉末一起过筛。将核桃仁切碎加入面粉中。

香蕉剥皮,切成小块,放入碗中,让一位成年人操作手持式搅拌器把香蕉打成泥状,或者用叉子将香蕉压碎成糊状。从香草荚中刮出籽,同香蕉泥一起搅拌,放置在一旁待用。

往黄油或人造黄油中加糖,放入碗中,用搅拌器打发,直至混合物变成一团柔软的泡沫。打入鸡蛋,然后用勺子轮流将香蕉泥和面粉混合物拌入其中。

将烤箱调至175摄氏度(对流烤箱温度155摄氏度)预热,给模具涂上油。将拌好的面团填进模具中,推入烤箱中层,烘烤

50~60分钟后，把小木棍插入面团中间，拔出时如果木棍上没有面糊就说明可以了。

把烤好的面包从烤箱中取出，冷却5分钟，接着翻转模具倒出面包。
更多关于香草汁和橙子糖的信息见135页。

奥利弗在这道甜点中用到的椰枣，是他从上次的土耳其之行中带回来的。他也喜欢直接吃这些椰枣，不过最喜欢的还是配着凝乳或是酸奶一起吃。

椰枣凝乳

椰枣竖着切开，去掉枣核。先切成长条，再横着切小方块。

把一个橙子的表皮剥下来——注意不要皮里面白色的那部分，因为吃起来会有苦味。两个橙子都剥好以后，将果肉切成两半，去掉白色的丝络以及果肉中间部分。切好的半只橙子放在小菜板上，分别切成两半后切薄片，这个过程中流出来的橙汁要收集起来。

将凝乳、橙汁以及橙皮，还有糖和小豆蔻一起搅拌成乳状。奶油打发至黏稠，调入混合好的凝乳当中。

最后放入椰枣和切好的橙子，搅拌均匀。

4 人份配料：
10~12 个椰枣（尽可能选择多汁的）
2 个新鲜橙子
500 克低脂凝乳（或者希腊酸奶）
2~3 汤勺糖或是橙子味砂糖
1 撮小豆蔻
100 毫升甜味淡奶油（如果用希腊酸奶就不需要了）

自制家庭菜谱

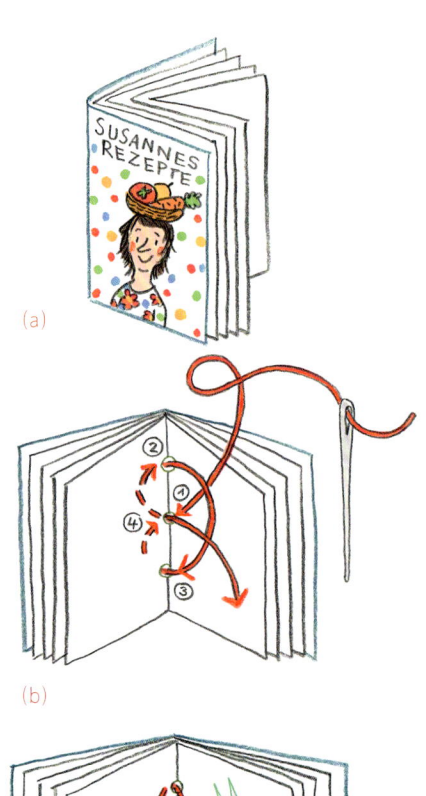

圣诞节时我送给朋友汤姆一本自制的菜谱，里面是所有我最喜欢的菜谱配方，还配了私家手绘插图。这样一本自制的家庭菜谱要怎么制作呢？

先准备好您所需的纸张，按照图(a)那样折叠一下。封面找一张偏硬的厚纸板，修剪成与纸张同样的大小。封面也要像里面的纸张一样，先折叠，然后按照需要在上面写字或作画。

如(b+c)所示，用针线把封面和内容装订在一起。为了保护菜谱不受潮或变脏，最后再给它包上一层透明的塑料书皮。

配料

面粉

烘烤用的面粉一般都是小麦粉，它又分各种不同的型号。1050号面粉中含有部分小麦的麸皮，所以面粉的颜色较暗，相比普通的405号面粉来说矿物质的含量更高。用1050号面粉来做食物跟普通的面粉一样方便，它是一种健康的选择。

您也可以选择用斯佩尔特小麦粉1050号。当然所有的面食都可以用普通的白面粉做，和面的时候用水量会相对少一些。除此之外，全麦面粉家族中还有1700号面粉。

植物油

相比黄油来说，植物油含有更多促进人体健康的单链和多链不饱和脂肪酸。不过不同种类的植物油之间也存在一些差异。

菜籽油的营养组成比较完美，可以高温加热，口味也比较温和，因此是我们常用的标准植物油。

核桃油和豆油的营养组成也不错，用它们拌沙拉时可以再加入一些橄榄油作为补充。

糖

虽然糖没有毒,但是世上并没有"健康"的糖。它的成分只有碳水化合物,除此之外并没有其他营养,只能用来补充能量。少量的糖没有任何问题的,若是食物或饮料中含糖量过高,则会影响牙齿健康,而且会让人总觉得饿。总是喜欢吃甜食的话,摄入的糖量常常过高。有个方法能够有所帮助,就是使用无热量的甜味剂,比如甜菊。甜菊是一种来自南美洲的植物,有强烈的甜味,类似甘草。它不含任何热量,不会让人发胖,而且它和糖不一样,不会损害牙齿健康。甜菊非常适合蜜渍水果或加到茶水中。当然最好的选择还是主动养成少吃甜食的习惯。

温度

用于测量温度的单位是摄氏度。

本书中的温度主要指电炉灶的温度,如果您有其他炉子,请对照相应的温度标准进行参考。

电炉灶	煤气灶	对流式烤箱
160 摄氏度	一级	140 摄氏度
180 摄氏度	二级	160 摄氏度
200 摄氏度	三级	180 摄氏度
220 摄氏度	四级	200 摄氏度

测量与称重

水、牛奶、奶油等液体最好用量杯进行测量,上面有各种单位刻度,比如毫升。

量杯的单位关系说明

1升=1000毫升

1/2升=0.5升=500毫升

1/4升=0.25升=250毫升

1/5升=0.2升=200毫升

1/8升=0.125升=125毫升

水果、蔬菜、肉类和其他固体食材最好用厨房秤进行称量。保证下锅的食材分量既不过多也不过少。注意不要算上碗或杯子的重量。

重量的单位关系说明

1000克=1千克

750克=3/4千克

500克=1/2千克

375克=3/8千克

250克=1/4千克

125克=1/8千克

常用缩略语

菜谱中经常会用到不同的缩略语，涉及测量单位、重量单位、温度单位或物体数量等等。为了让你了解常用缩略语的含义，我们列出了以下清单。

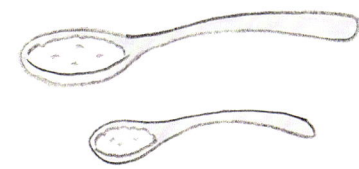

TL = 汤勺
EL = 茶勺
mg = 毫克
g = 克
kg = 千克
ml = 毫升
l = 升
cm = 厘米
Msp. = 用于形容调料的数量，刀尖上能挑起的一小撮

Prise = 用于形容数量，拇指和食指能捏起的一小捏
Stk. = 块
Pckg. = 包

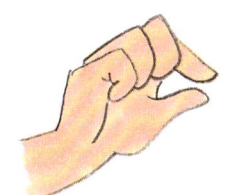

工具

各种刀具，用于削皮和切割食材

做菜肯定要用到锋利的刀具，有用来切洋葱类的小型刀具，也有用来切南瓜等的大型刀具。

最重要的是刀刃要锋利，不然切东西的时候很容易滑下来切到手。厨师的刀工也需要经常练习，而选择合适的刀具对练习会很有帮助。切菜的时候请您保持精力集中，注意不要切到手指！

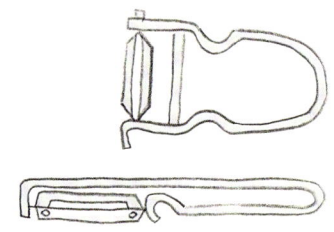

削皮刀

最好常备一个削皮刀，在削土豆皮和芦笋外皮的时候经常会用到。处理黄瓜、胡萝卜和某些水果比如芒果的外皮时也很有效果，方便又好用。

菜刀

切菜的时候会用到普通的菜刀。菜刀的样式比较简单，刀口是平的，可以切菜或削掉洋葱或大蒜的外皮。

面包刀

这种刀具主要用来切外表坚硬而内部松软的食材，比如西红柿或橙子，还有松脆的小面包。

半月刀

半月刀是一种半月形状的弯刀，两端各有一个手柄，一般用它来切菜。握着两个手柄来回摇晃，就能快速把菜切碎，也可以用来切洋葱、大蒜和坚果。

菜板

找一块较大的菜板，这样切菜时就不会溅到外面了。

刨片、擦丝

刨片器和擦丝器都是用来处理水果和蔬菜的有力助手。市面上已经出现了许多不同的款式,其中有些可以更换刀片,有些是固定刀片,还有一种电动刨丝机速度非常快。当然前提是您愿意使用这些可以省心省力的工具。

刨丝刨片器

用一个简便的多功能刨丝刨片器可以轻松刨出薄片或细丝,还可以根据需要调整厚度和粗细。

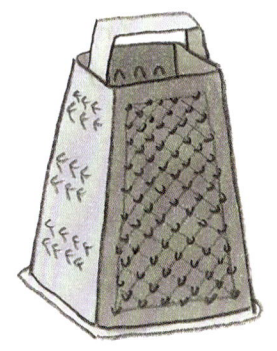

四面擦丝器

如果要把蔬菜或土豆擦成丝,最好用的还是四面擦丝器。它的结构是固定的,擦丝的时候不会摇晃,注意手指不要擦伤!蔬菜擦到还有末尾一截的时候就不要继续了,用手摇式的切菜器处理一下,避免受伤。

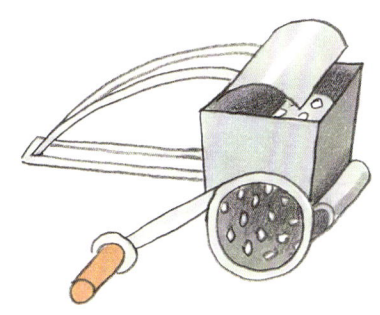

各种电动设备以及与其对应的手动版

厨房里的各种电动设备可以帮助人们分担大量的工作,节省时间,提高效率,而且相比人力而言,用它们来处理食材的效果要精细很多。如果要使用这些仪器,开始时需要有一位成年人在旁边指导和帮助。

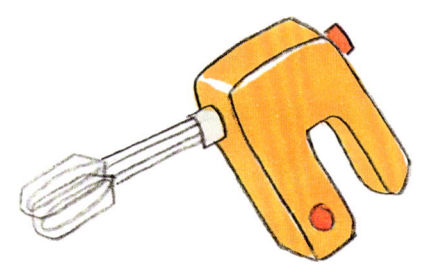

电动打蛋器

使用电动打蛋器可以通过快速的搅拌将液态的鲜奶油打发。搅拌时选一个大点的容器，不然奶油可能会溅出来。

手动打蛋器

手动打蛋器是电动打蛋器的前身。转动它的手柄就会带动下方的搅拌棒开始旋转，所以您可以不用电，而是完全通过自己的力量来打奶油或蛋清。试着问一下祖母，看她那是否还有这么件东西。

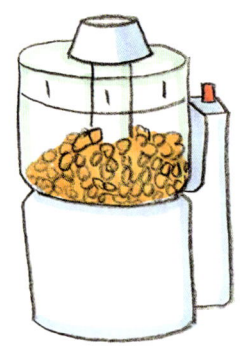

电动搅拌机

按一下搅拌机的用电开关，很快就能把水果、面包、蔬菜或野菜打成糊，时间越长，打出来的糊越细。不过请注意，洋葱和大蒜这样处理会有轻微的苦味。

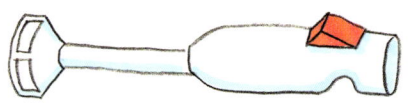

手持式搅拌棒

使用手持式搅拌棒能够把汤水或酱汁打成奶糊状。搅拌棒底端的小刀子能够在快速旋转的过程中把所有块状的蔬菜打成糊。这个过程中汤汁有可能溅出来，所以使用搅拌棒之前先找一个比较深的容器。

搅拌棒底端转动的刀子非常危险，有可能会伤到手指，所以搅拌棒的操作使用必须由成年人来完成，用完后做好整理清洁工作。

食物研磨器

食物研磨器是一种带过滤筛的研磨器，很多柔软的东西，比如煮过的蔬菜或水果，可以通过压力将食物压进过滤筛使食物磨细。也可以不用研磨器而是使用搅拌棒达到这一效果。不过使用研磨器的好处是比较安全，没有锋利的刀片，不会造成伤害，所以只要能够转得动手柄，小孩子也可以操作研磨器。

厨房小助手

下面列举一些并非日常使用，但在需要的时候会很有帮助的仪器。

苹果去核器

这种器具有一圈圆形的刀口，能够扎进苹果芯中把核去掉，这样就可以把果肉切成漂亮的环形了。

肉锤

肉锤看起来和普通的锤子差不多，使用方法也一样，不过它两端的槌面上有凹凸不平的沟槽，通过击打可以把肉片变得更薄，肉质更细嫩。也可以从工具箱里找一块面积较大的平整的木砖（务必记得先清洁干净！）来击打，或者用长柄的平底锅的底部代替。

麦扁机

麦扁机或谷物压扁机能把整颗的燕麦麦粒压扁成麦片。这个过程很有趣，也能省下很多力气。

咖啡研磨剂

很多谷物的颗粒，其中当然也包括燕麦，也可以用老式的咖啡磨来研磨。因为研磨的效果不会特别精细，所以我们也称之为粗研磨。

樱桃去核器

樱桃去核器能够帮助人们快速去掉樱桃核，它有很多不同的款式。也可以自己用刀子把樱桃切开，然后用手把核拿掉。

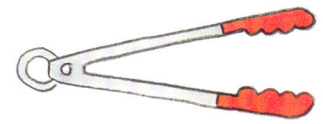

夹钳

用夹钳翻动锅里的烤肠或其他正在烘烤的小东西会非常方便。没有夹钳，也可以用叉子来帮助翻转食物。

捣碎器

使用捣碎器能够把煮熟的土豆或其他煮过变软的蔬菜加工成土豆泥或蔬菜泥。

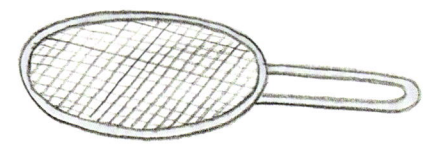

防溅板

防溅板的外观是一个扁平的细筛子，在煎烤东西时代替锅盖放在平底锅上。如果有油滴向外飞溅时就会被筛子挡住，不会造成皮肤灼伤。如果想把番茄酱烧得更浓一些，用它会更方便和安全。

下厨贴士

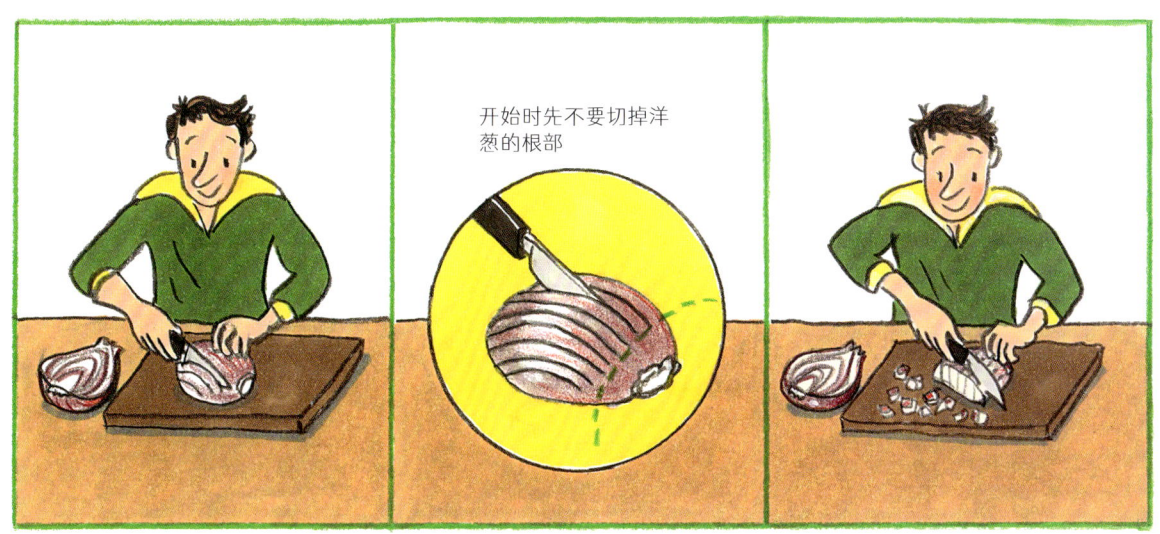

切洋葱 像弗兰克一样:为了防止流眼泪,最好在切洋葱的时候嘴里一直含一口水。

调制沙拉酱 制作沙拉酱必须经过长时间的搅拌,或者试一下佩特拉的小诀窍:把各种配料装进一个带瓶塞的广口瓶,旋紧瓶塞后将整个瓶子翻来倒去来回摇晃。可以多做两三倍的量,放在冰箱里冷藏,需要时直接拿来使用。

蛋清分离 这件事琳恩都能做得很好：找两个碗或杯子，敲破鸡蛋壳，掰成两半，不停地来回颠倒两半蛋壳，使蛋清流到一个杯子里，蛋黄放到另外一个杯子里。蛋清中存留的少数蛋黄一定要都挑出来，否则没法打发蛋清，因为蛋黄中含有脂肪，会让打发出来的蛋白消泡。

擀面团 乔纳斯擀面团时需要的东西只有面粉和自己的一双手，在面板上撒面粉，这样擀面团的时候就不会粘连。最好的擀面工具是专用的擀面杖，如果实在没有合适的工具，用一个表面光滑的干净瓶子代替也可以。

清洗水果、蔬菜　利努斯是和伊尔玛学会怎么洗水果蔬菜的。所有的东西都要彻底地清洗干净，尤其是生菜，因为它长在沙地和土里，所以更要仔细清洗。为了使沙拉酱能够和蔬菜很好地拌匀，一定要把洗好的蔬菜尽可能地晾干一点，可以把它放在一边等水沥干，不过更好的方法是把水直接甩掉，市场上有专门的蔬菜甩干器。也可以学着用利努斯的办法，找一块宽敞的工作台，用干净的毛巾把生菜、野菜、菠菜叶片上的水分擦干。

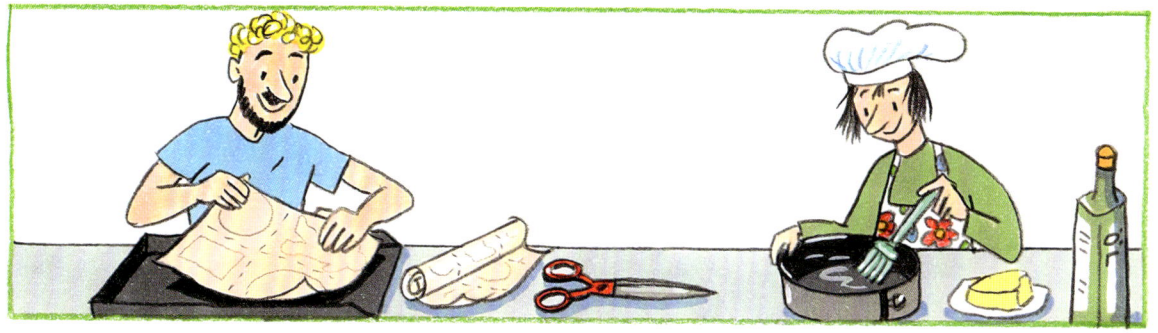

给烘烤模具涂油　进行烘烤的时候，汤姆给苏珊娜当助手，用小刷子给模具涂上植物油或黄油。烤箱纸要按照烤盘的大小修剪。

煮面和捞面 彼得知道怎么做面条：找一个大点的锅，放入足量的水，水开了以后放面条，然后再加盐。煮面的时间参照包装上的标示，中间不时翻搅。最后检查面条是不是煮熟了，捞出一根面条，用餐刀切断，尝一下软硬和味道。捞面的时候要格外小心，一定要戴上手套或垫上厚布隔热，然后把锅里的面条倒进筛子里等它晾干。

用平底锅烤面包 没有吐司机也可以烤出香喷喷的面包片。把面包片放在锅里，加入少量植物油或黄油煎烤，经常翻转一下。在焦黄松脆的面包片上抹上蒜泥，配上西红柿和罗勒叶拼盘，就成了美味的餐前小点。

煮土豆　依纳的做法是：先把带皮的土豆刷洗干净，然后放进锅里蒸熟或直接加水煮熟。蒸煮的时间根据土豆的大小不同，在20~30分钟之间。差不多煮熟的时候用餐刀或竹签试一下土豆是不是已经煮软。如果要做咸土豆，需要提前削皮，切成大块，然后放进盐水中煮熟，这样比带皮煮要快一些。煮好后把水倒掉，再把土豆块放进密闭的蒸锅内蒸一会儿，晃动一下，这样土豆块会变得很粉糯。

削苹果　先用削皮刀削掉整个苹果的外皮，然后按照需要再把它切成几个小块，或者直接切成几块，然后再挨个削皮去核。

自制蔬菜汤 把胡萝卜、葱和芹菜洗干净，切成小段。锅中放少许植物油炒一下蔬菜，然后加水。根据个人口味放入月桂、姜、胡椒粒和盐进行调味。多煮一会儿，等到蔬菜已经煮透为止，然后用过滤网把汤倒进汤盆里。蔬菜汤是一道可以充分利用各种边角料的菜式，削掉的表皮和菜叶都可以拿来煮汤。

自制面包屑 把面包切成小丁，烘烤至完全干燥，干燥不彻底会长霉。将处理好的小块干面包装进保鲜袋里放平，用一个小号的平底锅敲打保鲜袋，或者用擀面杖在上面碾压，直到把面包块变成足够细碎的面包屑。制作好的面包屑放进带瓶塞的广口瓶中保存，如果有需要，比如吃牛排时，就可以直接取出来用。这种制作面包屑的方法也可以用来自制坚果碎。

自制黄油 伊冯有一次打奶油的时候操作失误,最后只做出来一些黄油。长时间地打发甜奶油,乳浆中就会有小块的黄油出现,这时把容器中的奶油和液体都倒入细筛子里,并将过滤出来的小块黄油拌合到一起,就能得到自制的黄油了。它可以抹在面包上直接吃,也可以加入盐、野菜或大蒜调味。

自制香草砂糖 按照菜谱的要求,有时会需要一根香草豆荚调味。香草荚中含有许多食用香料。把香草荚切碎,和细砂糖混合后装入密封的广口瓶中。封存至少四周,期间可以时不时摇摇瓶子。然后等时间差不多了就打开瓶子,闻一下做好的香草砂糖:细砂糖中已经包裹着香草荚的味道!

自制橙子味糖或柠檬味糖 将糖块放在一个未经处理的橙子或柠檬上摩擦一下,水果的香气会进入糖块中。如果家中有很多碗碟或瓶子,也可以像做香草砂糖一样把糖和橙子或柠檬塞到一起。

图书在版编目（CIP）数据

四季厨房 / (德) 罗特劳特·苏珊娜·贝尔纳, (德)达格玛·冯·克拉姆著；邵帅译. —— 南昌：江西人民出版社, 2018.12（2022.9重印）
ISBN 978-7-210-10631-9

Ⅰ.①四… Ⅱ.①罗… ②达… ③邵… Ⅲ.①西式菜肴—菜谱 Ⅳ.①TS972.188
中国版本图书馆CIP数据核字(2018)第164501号

Original title:
Author: Rotraut Susanne Berner, Dagmar von Cramm
Title: Das große Wimmel-Kochbuch mit Rezepten für alle Jahreszeiten
Copyright © 2014 Gerstenberg Verlag, Hildesheim
Chinese language edition arranged through HERCULES Business & Culture GmbH, Germany

简体中文版权归属于银杏树下（北京）图书有限责任公司
版权登记号：14-2018-0196

四季厨房

绘　　者：［德］罗特劳特·苏珊娜·贝尔纳	著　　者：［德］达格玛·冯·克拉姆
译　　者：邵　帅	责任编辑：冯雪松　韦祖建
特约编辑：李志丹	策划出版：银杏树下
出版统筹：吴兴元	编辑统筹：王　顿
营销推广：ONEBOOK	装帧制造：墨白空间
出版发行：江西人民出版社	印　　刷：北京盛通印刷股份有限公司
开　　本：787 毫米 1092 毫米　1/16	印　　张：8.5
字　　数：155 千字	版　　次：2018 年 12 月第 1 版
印　　次：2022 年 9 月第 2 次印刷	书　　号：ISBN 978-7-210-10631-9
定　　价：88.00 元	

赣版权登字 -01-2018-586

后浪微博：@后浪图书
读者服务：reader@hinabook.com 188-1142-1266
投稿服务：onebook@hinabook.com 133-6631-2326
直销服务：buy@hinabook.com 133-6657-3072

后浪出版咨询(北京)有限责任公司　版权所有，侵权必究
投诉信箱：copyright@hinabook.com　fawu@hinabook.com
未经许可，不得以任何方式复制或者抄袭本书部分或全部内容
本书若有印、装质量问题，请与本公司联系调换，电话010-64072833

乔纳斯　　汤姆　　雨果　　艾克拉博士　　坦贾　　曼弗雷德

浣熊